모든 진화는
공진화다

모든 진화는 공진화다

경이로운 생명의 나비효과

박재용 지음

MID

모든 진화는 공진화다

경이로운 생명의 나비효과

초판 1쇄 인쇄 2017년 10월 16일
초판 4쇄 발행 2019년 12월 20일

지은이 박재용

펴낸곳 MID(엠아이디)
펴낸이 최성훈

기획 김동출
편집 최종현
디자인 최재현
마케팅 백승진
경영지원 윤 송

주소 서울특별시 마포구 토정로 222 한국출판콘텐츠센터 303호
전화 (02) 704-3448 팩스 (02) 6351-3448
이메일 mid@bookmid.com 홈페이지 www.bookmid.com
등록 제2011 - 000250호

ISBN 979-11-87601-47-0 03400

들어가는 글

진화란 생태계 내부의 일이다. 생명들은 저마다 생태계 내에서 자신의 자리를 두고 경쟁자와 다툰다. 이들의 자리 다툼은 당사자 스스로 다툰다는 의식을 가지고 이뤄지기도 하고, 그저 본능대로 행동한 것에서 결과적으로 이뤄지기도 한다. 다툼에서 이긴 생명들은 자신의 유전자를 가진 자손을 퍼트리고, 결과적으로 진화가 이루어진다.

그 과정에서 생명들은 생태계 내의 숱한 다른 생명들과 여러 관계를 맺게 된다. 어느 초원에 형성된 생태계를 상상해보자. 이곳의 초원에는 들소와 양, 염소와 야생말이 풀을 뜯어먹으며 살고 있고, 이들을 사냥하는 늑대와 곰, 호랑이 등이 있다. 들소와 양, 염소 사이에는 같은 먹이인 풀을 두고 경쟁 관계가 성립한다. 풀이 한없이 풍부하게 있다면야 다행이겠지만 한정된 풀을 놓고 싸워야 한다면 이들 중 누군가는 먹을 풀이 부족해질 것이다. 풀을 차지하지 못한 일부 개체는 풀에서 눈을 돌려 나뭇잎을 먹기 시작할 수도 있다. 그러면 나뭇잎을 먹기에 적합한 구조로 진화가 일어난다. 경쟁이 진화를 촉발하는 것이다.

그리고 이들을 먹고 사는 포식동물 사이에도 경쟁이 일어난다. 먹이가 될 동물을 더 잘 사냥하는 종은 번성할 것이고, 그렇지 않은 종은 사라질 것이다. 그중 일부는 나뭇잎을 먹는 형태로 진화한 초식동물을 주된 먹이로 삼기도 할 것이다. 그러면 다시 진화가 일어난다. 진화의 시작은 아주 작은 변화일 것이다. 그 변화는 무시되기도 하고, 다수는 사라지기도 한다. 그러나 그러한 변화가 개체수를 늘리면 변화는 고정되고 진화가 된다.

풀을 먹다가 나뭇잎을 먹기 시작한 초식동물로 돌아가 이들의 내장을 살펴보자. 이전과 다른 먹이가 들어오자 여기에선 또 다른 경쟁이 시작된다. 장에 사는 수많은 균들은 서로 더 빨리 새로운 음식을 분해하기 위해 경쟁을 한다. 그리고 이런 경쟁의 와중에 공생체의 면역작용과도 싸워야 한다. 이전과 다른 분해 시스템이 필요하다. 나무도 마찬가지다. 뜬금없이 새로운 포식자가 등장했으니 나뭇잎에 독을 섞기도 하고, 가시를 달기도 한다. 삶의 변화를 모색할 수밖에 없다. 이전에는 필요가 없었던 변이가 새로운 무기가 된다. 진화가 이루어진다.

그리고 이 모든 동물과 식물의 체내와 체외에 기생하는 생물들이 있다. 아무리 작은 개체라도 기생생물이 없는 개체는 없다. 어느 정도 크기의 동물이나 식물이라면 최소한 10여 종류 이상의 기생생물들이 있다. 이들 숙주와 기생체 사이에서도 피나는 사투가 진행되고, 그 결과는 각각의 진화로 귀결된다.

이렇듯 생태계의 어느 한 곳에서 시작된 진화는 관계를 맺고 있는 다른 생물들에게 연달아 진화를 요구한다. 따라서 모든 진화는 공진화다. 생태계 내에서 홀로 진화하는 생물은 없다. 진화는 한 생물에겐 진화의 결과이지만 동시에 다른 생물에겐 진화의 시작이다.

생명은 무릇 일종의 질서다. 개체를 유지하는 질서가 깨지면 개체는 죽는다. 마찬가지로 생태계도 일종의 질서다. 생태계를 구성하는 요소들이 서로 균형을 잡고 자신의 역할을 제대로 할 때만이 생태계는 질서 있게 유지된다. 그러나 개체의 항상성도, 생태계의 평형상태도 조용히 균형을 잡고 삶과 생태계를 지탱하는 것 같지만, 실제로 이들이 만드는 것은 정적인 것이 아닌 동적 평형이다. 가까이에서 보면 이들은 끊임없이 오르고 내려가는 과정을 겪고 있으며, 평균적이고 확률적으로 일정한 상태를 유지하고 있을 뿐이다. 그러나 우주의 질서는 이러한 평형상태가 영원히 유지되지 못하는 방향으로 존재하고 있다.

그래서 개체에서의 동적 평형은 수시로 깨지고, 변태와 노화를 통한 변화를 감내해야 한다. 그리고 마침내 마지막 죽음이 기다리고 있다. 종의 차원에서도 마찬가지다. 같은 종 안의 수많은 개체들은 다 다르다. 돌연변이가 생기고, 격리가 일어나고, 유전적 부동이 이루어진다. 그리고 진화가 일어나고 종분화가 일어난다. 마지막으로 멸종이 예외 없이 기다리고 있다.

생태계도 마찬가지다. 흙이라곤 하나도 없는 곳에서 지의류나 작은 풀들이 시작하는 생태계는 조금씩 흙이 깊어지고, 식물의 종류도 변한다. 식물의 종류가 변하면 그곳에 거하는 동물의 종류도 바뀔 수밖에 없다. 동물의 종류가 바뀌면 동물에 기생하는 기생동물들도 변화한다. 식물들은 기후에 따라 다르지만 결국 극상^{climax1}에 도달한다.

하지만 극상은 계속 이어지지 않는다. 홍수와 가뭄, 지진과 해일, 화산 폭발과 같은 현상들이 생태계를 한순간에 무너트린다. 가벼운 일격은 몇 년에 걸쳐 회복이 가능하고, 깊은 일격은 수십 년 혹은 수백 년에 걸쳐 복구가 된다. 생태계는 개체나 종에 비해 그 생명이 길다. 끈질기다. 개체보다 종의 수명이 길듯, 종보다 생태계의 수명이 더 길다. 하지만 생태계라고 영원하진 않다. 열대우림은 사막이 되고, 고원은 산악지대가 된다. 이렇듯 생명이 존재하는 장소는 '변화'만이 영원한 곳이기도 하다. 그리고 이 모든 변화는 생물들 간의 관계를 바꾸고, 또한 진화를 요구한다.

---

1 어느 한 지역에 자연상태에서 장기간 안정되어 있는 식물군락을 칭하는 말이다.

명심해야 할 것은 다른 여러 책에서도 강조했던 것처럼 진화가 '목적'을 가지고 있지 않고, 오직 결과로 나타날 뿐이라는 것이다. 공진화도 마찬가지다. 꽃이 나비와의 공진화를 '미리 생각하고' 나비가 자신과 공진화할 꽃을 '선택'하지 않는다. 오로지 다양한 변이 속에서 살아남아 많이 번식한 종의 자손이 진화의 결과로 주어질 뿐이다. 혹시나 이 책에서 진화를 의도한 것처럼 보이는 부분이 있다면, 그것은 오로지 비유일 뿐이다. 어떤 절대자에 의해 정해진 방향으로 가는 것은 진화가 아니다. 공진화에서 같이 진화할 상대는 선택되는 것이 아니라 결과가 되는 것이다.

이번 책은 이런 '관계 속에서의 진화'를 보려고 했다.

먼저 책의 앞부분은 바다의 작은 영역에서 단순한 세포 하나로 시작된 생명이, 30억 년의 세월을 거치며 엄청난 다양성을 가지게 하는 진화의 역사를 공진화란 키워드로 살펴본다. 광합성을 하고, 진핵생물이 되고, 포식과 피식 관계가 만들어지고, 공생과 기생이 이루어지는 과정이 첫 번째다. 두 번째로는 식물과 동물, 그리고 균과 세균들이 육지로 진출하는 과정에서 이루어지는 거대한 공진화의 역사를 다룬다. 포자에서 씨앗으로 다시 꽃을 피우고 열매를 맺는 식물의 관점에서 이들과 관계 맺는 균, 세균, 동물과의 공진화가 어떻게 다양성을 만들어내는지를 살펴보겠다.

책의 뒷부분은 지구 생태계 곳곳에서 나타나는 공진화를 확인해본다. 먼저 기생과 공생의 공진화, 경쟁과 포식, 피식의 공진화를 알아본다. 나방과 박쥐와 올빼미가 밤하늘을 날게 되고, 개미와 진딧물, 나무 사이에 얽힌 기생과 공생, 포식과 피식의 관계 맺음 등 다양한 공진화의 사례를 통해 인간 사회보다 더 복잡한 생태계의 내밀한 사정을 살펴볼 것이다. 그리고 나서는 지구와 생물권 사이의 공진화를 확인해본다. 산소와 이산화탄소의 순환, 지층의 형성과 산호초, 석회암 절벽의 비밀을 파헤치고, 마지막으로 인류가 여타 생물들과 이루어가는 공진화를 확인해보자. 불행하게도 생태계의 암적 존재가 되어가는 인류의 슬픈 현실을 마지막으로 두었다.

　'모든 진화는 공진화'다.

04 | 다른 생명에 터를 잡다

05 | 포식과 피식 그리고 경쟁

06 | 지구의 공진화

07 | 인간과 함께

01
생태계의 탄생

산을 넘고 물을 건너 | 언젠가는 가야 할 길

누군가는 이르러야 할 길 | 가시밭길 하얀 길

에헤라, 가다 못 가면 쉬었다나 가지 | 아픈 다리 서로 기대며

"함께 가자 우리 이 길을", 김남주

　처음 지구에 생명체가 등장한 것은 학자들에 따라 이견이 있지만 최소 35억 년 전에서 최대 38억 년 전 정도 사이로 보인다. 아직도 최초의 생명체가 어디에서 발생했는지에 대해선 서로 다른 가설들이 맞서고 있다. 해저 깊은 곳의 열수분출공에서 생겨났다는 의견도 있고, 암석의 표면에서 생겼다는 설도 있으며, 심지어 얼음에서 태어났다는 주장도 있다. 최초로 탄생한 생명이 쭉 이어져 지금 지구의 생명들은 모두 그 후손이라는 가설이 있는가 하면, 생명의 발생이 몇 차례에 걸쳐 이루어졌지만 초기 지구의 급격한 환경 변화에 의해 모두 몰살당하고 현재의 지구 생명은 마지막으로 생겨난 생명의 후손이라는 주장도 있다.

　어찌 되었든 아주 먼 옛날에 생명이 탄생되었지만 그들의 모습은 우리가 흔히 아는 생명체의 모습은 아니었다. 인지질로 된 세포막 안에 DNA와 리보솜이 들어있는 기본적 세포의 상태에서 크게 벗어나질 못하고 있었다. 세포막을 통해서 흡수하는 각종 영양분, 즉 단당류나 이당류같은 당분, 아미노산, 이온 등을 이용해서 생명을 유지하고, 분열을 하면서 살고 있었다. 엄격한 의미에서의 생태계를 구성하지도 못하고 있었다. 간혹 일어나는 세포간의 접촉을 통해 서로의 유전자를 주고받으며, 더디게 그러나 착실히 조금씩 다양성을 확보하며 서로 다른 모습으로 진화하기는 했지만 여전히 당시 지구는 현미경으로나 볼 수 있는 아주 작은 세균들밖에는 없었다.

　그런 지구의 생명들이 지금과 같은 모습으로 변화되기까지는 몇 번의 중요한 변곡점이 있었고, 그 변곡점들은 생명들 간의 경쟁과 공생이 만들어낸 공진화의 결과물이었다. 먼저 햇빛을 이용해 영양분을 만들어내는 독립영양생물이 등장했고, 산소를 이용한 호흡을 하는 호기성 세균이 등장했다. 그리고 마침내 핵과 미토콘드리아를 가진 단세포 진핵생물이 등장했으며, 서로 다른 역할을 하는 다양한 모습의 세포로 이루어진 다세포 생물이 나타났다. 근 30억 년에 이르는 진화가 만들어낸 결과물이다.

　물론 이런 나의 주장에 아직도 세균들이 이 지구의 주인이라고 역설하는 분들도 계실 것이다. 이해하고 인정한다. 그러나 스스로 '다세포 진핵생물'이며 진핵생물 상호간의 작용과 그 외 다양한 상호작용으로 이루어진 생태계를 살아가는 한 생명으로서 나는 '다세포 진핵생물'을 중심으로 한 멋진 생태계가 구성되는 과정을 살펴보는 즐거움을 기꺼이 누리고 싶다. 이 책의 첫 장은 바로 여기에 바쳐졌다.

최초의 경쟁,
산소를 만들다

생명체들이 처음부터 산소호흡을 한 것은 아니다. 초기 지구의
대기에 산소는 거의 없었으며, 생기더라도 아주 짧은 시간에 다른 물
질들과의 반응을 통해 사라졌다. 산소는 지구의 대기에서 오래 머물
기에는 너무나도 예민했다. 당연히 바다에도 산소는 거의 녹아있질
않았다. 당시의 생물들에게 '산소가 없는 환경'은 처음부터 자연스러
운 상황이었다. 당연히 이들은 에너지를 만들 때 산소를 사용하지 않
았다. 지금도 우리의 장 속이나 흙 속, 혹은 깊은 바다 속처럼 산소가
없는 환경에서는 이런 초기 지구 생물처럼 산소 없이 호흡하는 생물
들이 여전히 존재한다. 그리고 우리는 이들을 이용해서 술을 만들고,

식초를 만든다. 포도당을 분해해서 알코올을 만드는 효모가 그렇고, 알코올을 이용해서 아세트산을 만드는 초산균이 그러하다.

심지어 우리 몸도 산소 없이 호흡할 때가 있다. 아령이나 케틀벨을 들고 '무산소' 운동을 할 때 우리 근육은 난리가 난다. 단시간에 근육에게 요구하는 에너지가 너무 많은 것이다. 그래서 미토콘드리아에 미처 산소를 다 공급하지 못하면 근육세포는 세포질 내에서 포도당을 분해해 얼마 되지 않는 에너지라도 짜내어 쓴다. 이때 분해된 결과물인 피루브산pyruvic acid을 젖산lactic acid으로 만들어 보관하기 때문에 세포 내에 젖산이 쌓이게 된다. 위급할 때 쓰기 위해 우리의 먼 선조가 가르쳐준 무산소호흡의 비법을 세포들은 아직 간직하고 있는 셈이다.

산소호흡은 지구상에 산소가 등장한 후에, 그것도 산소를 없애기 위해서 시작되었다. 그 산소는 원래 산소를 전혀 필요로 하지 않았던 존재에 의해서 만들어졌다. 이 기이한 관계를 한 번 돌아보자. 처음 지구에 등장한 생명체들은 주변에 존재하는 공짜 음식을 먹으며 세를 불렸다. 그러나 생명체들이 늘어나면 날수록 공짜 음식은 점점 줄어만 갔다. 마치 인류가 늘어나면서 주위의 나무에서 과일을 따고, 강가에서 조개를 캐고, 사냥을 하는 것만으로 더 이상 감당이 되지 않는 것과 흡사한 상황이 발생했다. 당시 인류는 스스로 먹을 것을 만드는 방향으로 역사적 전환을 했다. 흔히 신석기 혁명이라 불리는 것으로 채집에서 경작으로, 수렵에서 유목으로 방향을 튼 것이다. 마찬

➡ 심해 열수분출공

가지로 초기 지구의 바다에 있던 생물들도 점차 감소하는 공짜 음식에 대한 대책이 필요했을 것이다. 그 결과로 스스로 양분을 만드는 생물들이 등장한다. 이들을 '독립영양생물'이라고 부른다.

　이 독립영양생물 중 우리가 주목할 녀석들은 황세균이다. 이들은 빛에너지를 이용해서 포도당이란 양분을 생산하는 최초의 생산자였다. 이들은 바다 속 마그마가 분출되는 주변에 살았다. 빛에너지를 이용해서 열수분출공에서 나오는 황화수소를 분해하고, 그 과정에서 만들어지는 수소 이온, 즉 양성자의 화학삼투작용으로 ATP(아데노신3인산)를 만들었다. 그리고 그 ATP를 이용해서 바닷물 속에 풍부하게 녹아있던 이산화탄소를 합성하여 포도당을 만들었다. 지금도 온천 주변에서는 이들 황세균의 활동 결과를 눈으로 볼 수 있다. 이들이 황화수소를 분해하면서 남은 황들이 온천 주변의 암석을 노랗게 물들이고 있다. 먹을 것이 없으면 스스로 만든다는 이 방법은 굉장히 성공적이어서, 곧 바다 속 열수분출공 주변은 이들 황세균으로 가득 차게 되었다. 다양한 종류의 황세균들이 황화수소가 풍부하고, 햇빛이 비치는 얕은 바닷가에 모여들었다. 그러나 항상 경쟁은 배제되는 이를 만든다. 황세균들이 늘어나자 그중 일부는 황화수소 농도가 낮은 주변부로 밀려날 수밖에 없었다.

이들 밀려난 세균들에게는 황화수소를 대체할 다른 물질이 필요했다. 선택 가능한 것은 황화수소와 구조가 가장 유사하면서도 주위에 넘쳐나는 것, 물이었다. 역한 냄새가 나는 황화수소와 무색무취한 물이 비슷하다니 놀라운가? 황화수소는 황 원자 하나에 수소 원자 둘이 달라붙어있는 구조다. 여기서 황 원자 대신 산소 원자를 넣으면 그것이 물이다. 더구나 산소와 황은 주기율표상에서 바로 위아래에 있다. 즉 황과 산소는 성질이 비슷한 같은 산소족의 일원이다. 따라서 황화수소와 물은 구조적으로 가장 유사한 분자가 맞다. 그러면 또 이런 의문이 들 수 있다. 그럼 처음부터 바다 그 자체인 물을 이용하지 왜 황화수소를 먼저 썼는가? 이유는 황화수소가 분리하기에 조금 더 쉬웠기 때문이다. 황과 수소의 결합은 수소와 산소의 결합보다 끊는 데 에너지가 덜 들어간다. 그만큼 끊기가 용이하다는 뜻이다. 그래서 생물들은 황화수소를 물보다 먼저 이용하게 되었다.

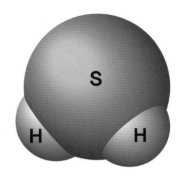
➡ 황화수소 분자

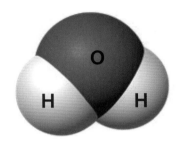
➡ 물 분자

인류의 역사에도 이와 비슷한 경우가 있다. 인류는 구리를 철보다 먼저 이용했다. 사방에 흔한 것이 철인데 굳이 찾기 어려운 구리를 먼저 이용한 이유도 동일하다. 자연 상태에서 구리나 철은 모두 산소와 결합된 형태로 존재한다. 우리가 이들을 사용하려면 산소와의 결합을 끊는 과정이 필요한데 구리가 철보다 조금 더 수월하다. 그래서 구리가 먼저 사용되어 청동기 시대를 열었고, 분해과정이 더 복잡하고 까다로운 철은 그보다 더 뒤에 사용되었다. 비슷한 이유로 황화수소가 먼저 사용되었고, 이제 황화수소를 분리하는 과정에서 만들어진 물질대사의 경로를 조금 변용하여 물을 사용하기 시작한 것이다.

물을 이용한 광합성은 비록 황화수소를 이용하지 못하는, 주변으로 밀려난 존재들에 의해 시작되었으나 그 결과는 말 그대로 세상을 바꾸었다. 물을 이용해서 광합성을 할 수 있게 된 독립영양생물들은 이제 전 세계 바다 표면 어디나 자신의 거처로 삼을 수 있게 되었다.

더구나 그 모든 곳에는 경쟁자들도 없지 않은가. 이들은 황화수소에 의지하는 자신의 훌륭한 사촌들을 오히려 열수분출공 주변으로 배제하면서 지구 생명의 새로운 주인공으로 등장한다.

그리고 당연히 그와 함께 그들을 포식하는 포식자들도 전 세계의 바다 표면으로 퍼져나간다. 하지만 아직 포식이란 말을 쓰기에는 사실 조금 무리가 따른다. 이들의 포식자들은 아직 이빨도 없고, 발톱도 없다. 이들 독립영양생물을 사냥할 무기를 만들 여력조차 없는 경우가 거의 대부분이었다. 다만 다른 생물들 옆에서 여러 가지 이유로 죽어버리는, 그래서 세포벽과 세포막이 터져버린 사체에서 영양분을 흡수하는 것이 최선이었다. 그렇다고 이들을 무시하거나 폄하할 필요는 없다. 이들이 영양분을 흡수하는 과정에서 진화시키는 소화액과 기타 물질대사는 이후 다가올 포식의 시대에 포식자가 가지게 되는 최초의 무기로 진화하게 된다. 진화란 것이 그렇다. 미리 어떠한 진화를 할 것이라고 계획하고, 거기에 맞춰 몸을 진화시키는 것이 아니다. 기존의 생물들이 가지고 있던 여러 도구들을 새로운 환경에 맞춰 이리저리 쓰는 것이다. 빛을 감지하는 안점이 한 편으로는 눈이 되고, 다른 한 편으로는 엽록체로 진화하는 것처럼, 또는 물고기의 아가미 주위의 뼈가 인간의 귓속뼈로 진화한 것처럼 말이다.

어찌되었건 이들도 독립영양생물을 따라 바다 전체로 퍼져나간다. 아주 극히 일부분에만 존재하던 생물들은 지구의 바다 표면 대부분을 자신의 터전으로 삼게 되었다. 하지만 물을 이용한 광합성이 끼

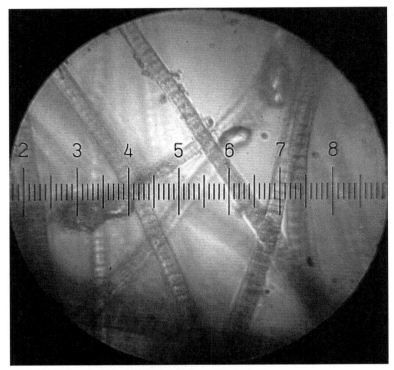

➡ 광합성으로 에너지를 만들어낸 최초의 독립영양생물, 시아노박테리아

친 영향은 이것만이 아니었다.

　우리 눈엔 보이지도 않는, 0.1mm도 채 되지 않는 이 작은 생물들이 광합성을 하면서 만들어내는 부산물은 이제 황이 아닌 산소였다. 물을 구성하는 원자 중 수소는 포도당을 만드는 데 쓰였고, 나머지 부산물인 산소는 딱히 쓸 데가 없었다. 아니, 황급히 바깥으로 내보내야 할 위험한 존재였다.

　산소는 사실 우주 전체로 보아서도 꽤 풍부한 원소 중 하나다. 수소와 헬륨을 제외하면 별이 있는 곳 어디서나 쉽게 볼 수 있는 것이 주기율표상의 2주기 원소들이다. 리튬에서 네온에 이르기까지의 이 원소들은 각기 편차는 보이지만 웬만한 규모의 별이 2차 핵융합을 통해서 만들어내는 산물들이다. 그만큼 지구에도 많이 있는 존재다. 하지만 초기 지구 대기에는 산소가 거의 없었다. 워낙 성격이 화급한 녀석이라서 그렇다. 산소는 웬만한 금속과는 바로 반응을 해서 산화물을 만든다. 탄소나 질소와도 마찬가지여서 일정한 조건만 갖추어지면 언제든 반응을 할 준비가 되어 있는 녀석이다. 그리고 초기 지구는 그런 조건에 아주 잘 맞는 환경이어서 기체 상태로 있던 산소는 거의 순식간에 다른 원소들과 결합하여 사라졌다. 이후에도 햇빛에 의해 바다 표면에서 물이 분해되는 과정에서 산소가 발생했고, 번개가 칠 때나 기타 다양한 이유로 산소가 드문드문 생겨나긴 했다. 하지만 그도 마찬가지의 이유로 발생하자마자 사라지고, 대기 중에 의미 있는 존재로 남아있지는 못했다.

그러던 산소가 이제 독립영양생물의 체내에서 끊임없이 만들어지게 된 것이다. 광합성을 하던 이들 세균에게도 산소는 곤혹스러운 물질이었다. 워낙 반응성이 큰 원소이기 때문에 세포 내의 곳곳에서 다른 물질들과 반응을 한다. 그리고 대부분의 반응은 세포에 손실과 피해를 가져다주는 것이다. 흔히 노화 방지와 관련된 식품 선전에 신체 노화의 주범으로 등장하는 활성 산소라는 것이 바로 이것이다. 결국 광합성을 하는 세포들은 이들 산소를 시급히 산소 분자의 형태로 만들어 세포 밖으로 방출하는 방법을 택하게 되었다. 처음에는 광합성을 하는 개체가 몇 되지 않았지만, 이들은 빠른 시간에 지구 바다 표면 전체에 서식하게 되었고, 온 바다에서 산소기체가 발생하기 시작했다.

산소는 처음에는 바닷물에 녹았고, 먼저 바닷물에 녹아있던 다른 이온들과 반응하기 시작했다. 철 이온과 만나 산화철을 만들고, 구리 이온과 만나 산화구리를 만들었다. 칼슘과 만나면 산화칼슘이 되었다. 이런 산화물들은 일부는 물속에 녹은 채로 존재했지만, 일부는 바다 밑바닥에 가라앉아 퇴적물이 되었고, 다시 퇴적암이 되어 지각의 일부가 되었다. 그래서 이 시점 이전의 철광석과 이후의 철광석은 색이 다르다. 산소와 만나기 전의 철은 산화되지 않은 상태로 철광석이 되어 검은색을 띄었지만, 이후에는 거의 모든 퇴적물에서 철광석은 붉은색을 띄게 된다.

그러고도 남는 산소는 물속에 녹다가 포화가 되어, 드디어 대기 중으로 빠져나가게 된다. 그리고 그곳에서도 새로 화합물을 만들 파트너를 만난다. 바로 당시 대기에 가득 차 있던 암모니아와 메테인(메탄methane)이 그들이다. 산소는 메테인과 만나서는 이산화탄소와 물을 만들었고, 암모니아와 만나서는 이산화질소와 물을 만들었다. 산소는 어떤 물질을 만나도 기어이 산화물을 만들고야 마는 것이다. 그리하여 대기의 구성성분이 급속도로 바뀌었다. 물론 질소 분자는 애초에 다른 물질들과 반응을 잘 하지 않는 관계로 산소가 출몰을 해도 그 영향을 거의 받지 않았다. 그래서 지금껏 지구 대기권의 주인공으로 자리 잡고 있다. 하지만 나머지 메테인과 암모니아 같은 환원성 기체들은 산소와의 반응을 통해 대기에서 거의 사라지게 되었다. 이산화탄소 또한 마찬가지였다. 물속의 독립영양생물이 광합성을 하는 과정에서 끊임없이 이산화탄소를 흡수했다. 물을 재료로 광합성을 하는 독립영양생물로 인하여 지구라는 행성의 대기 구성 자체가 변화된 것이다.

아직 더 많은 세월이 지나야 하지만 이렇게 대기 중에 자리 잡은 산소는 또한 성층권에서 오존층을 형성하게 된다. 성층권으로 쏟아져 들어오는 자외선이 산소 분자를 분리하고, 분리된 산소 원자는 다른 산소 분자와 만나 산소 원자 3개로 이루어진 오존을 만드는 것이다. 그러나 이 오존은 대단히 불안한 물질이라서 금방 분해되어 다시 산소 분자가 된다. 그 위로 다시 자외선이 쏟아지고 다시 오존이 만들어지는 과정이 반복된다. 이렇게 형성된 오존층은 그 자체로 지구로 쏟아지는 자외선의 99%까지를 흡수하게 된다. 이전까지 지구 표면은 거대한 자외선 살균기와 같아서 지상의 어디에도 생물이 살아갈 수 없었지만, 생물은 이렇게 스스로 산소를 뿜어내서 만든 오존층으로 지상에 살아갈 방편을 마련한다. 물론 아직 한참 뒤의 이야기기는 하지만 말이다.

앞서 여러 번 말했듯이 산소는 반응성이 대단히 큰 물질이고, 반응성이 크다는 것은 원치 않는 화학반응이 세포 내에서 일어날 수 있다는 뜻이다. 현재도 혐기성 세균들은 산소가 풍부한 환경을 잘 견디지 못해서 산소 농도가 희박한 곳에서 사는데 당시도 마찬가지였다.

산소라는 위협을 제거하다

위기는 그 순간의 개체에겐 불행이지만 역설적이게도 항상 또 다른 진화를 일으킨다. 불가피하게 생기는 산소 원자는 당시의 생물들에게 커다란 위협이었다. 그런데 이로부터 벗어나고자 산소 원자를 세포막에서 처리하는 과정에서 어떤 세균들은 포도당을 더 미세하게 분해하기 시작했다.

포도당은 원래 탄소 원자 6개가 고리 형태로 이루어진 탄수화물이다. 이 당시 세균들이나 고세균은 이 포도당을 분해해서 ATP라는 에너지를 얻는데 포도당 하나로 고작 4개의 ATP를 만들 뿐이었다. 그러나 새로운 세균들은 달랐다. 이들은 포도당의 에너지를 이용해서 수소 원자에서 전자를 떼어낸 뒤 수소원자핵, 즉 양성자를 세포막 바깥에 두었다. 이 양성자가 세포막 안으로 들어오는 과정에서 ATP를 무려 30개가 넘게 만들어내는 것이다. 세균에 따라서, 또는 조건에 따라서 만들어지는 ATP의 개수는 조금씩 다르지만 대략 적어도 20여 개에서 많게는 30여 개 사이 정도가 만들어진다. 어떻게 이런 복잡한 시스템을 만들었을까? 이게 진화로 가능한 것인가? 라는 의문이 들 수도 있다. 하지만 알고 보면 대단히 간단하다. 세균들이 세포막에서 광합성을 하는 데 사용하던 시스템을 이용했을 뿐이다. 광합성을 하던 세균들은 세포막에서 물을 분해해서 산소를 발생시켰다. 그렇다면 이 세포막의 시스템을 반대로 돌리면 산소를 물로 만들 수도 있지 않을까? 그럴 수 있었다. 그 결과 나타난 것이 바로 제 2의 혁명, 즉 산소호흡이었다. 실제로 엽록체에서 일어나는 광합성 과정과 미토콘드리아에서 일어나는 세포호흡을 비교해보면 이러한 사실을 알 수 있다.

대부분의 진핵생물에서 세포호흡은 크게 세 가지 과정으로 이루어진다. 포도당이 세포질 내로 들어오면 일단 두 개의 피루브산으로 분해가 된다. 이 과정을 해당과정이라고 한다. 두 번째 과정은 미토콘드리아의 내부 기질의 TCA회로에서 일어나는 과정이다. 피루브산이 TCA회로를 거치며 이산화탄소로 분해가 되면서 NADH와 FADH2를 생성한다. 세 번째 과정은 미토콘드리아의 내막, 즉 예전 미토콘드리아의 선조였을 때의 세포막에서 일어나는 산화적 인산화과정이다.

➡ 포도당 분자 모형

이 과정에서 NADH와 FADH2가 수소를 내놓고 다시 NAD와 FAD가 된다. 이들이 내놓은 수소가 내막의 내외를 이온 상태로 오가면서 ADP를 ATP로 만들게 된다.

반대로 광합성을 살펴보자. 광합성은 명반응과 암반응 둘로 나뉜다.

명반응 또는 광인산화 반응은 엽록체의 내막에서 일어난다. 이곳에서 제 1 광계와 제 2 광계 두 과정으로 나뉘어져 이루어진다. 제 1 광계에서는 빛에너지를 이용하여 ATP와 함께 NADPH를 만든다. 제 2 광계에서는 빛에너지를 이용해서 물을 분해한다. 이 과정에서 발생한 수소 이온(양성자)과 전자를 이용해 ADP를 ATP로 만든다.

암반응은 엽록체의 기질 안의 캘빈회로에서 일어난다. 명반응에서 생성된 ATP와 NADPH, 그리고 잎의 기공으로 들어온 이산화탄소를 조물락거려서 포도당을 만드는 과정이다.

자, 미토콘드리아의 세포호흡과 엽록체의 광합성을 비교해보라.

미토콘드리아의 내막에서 일어나는 반응(ADP를 ATP로 만드는 반응)과 엽록체의 내막인 틸라코이드에서 일어나는 반응(ADP를 ATP로 만드는 반응)은 상당한 유사성을 가진다. 둘 다 이전엔 세포막이었던 곳에서 일어나는 반응이다. 그리고 둘 다 반응물과 생성물이 같다. 그

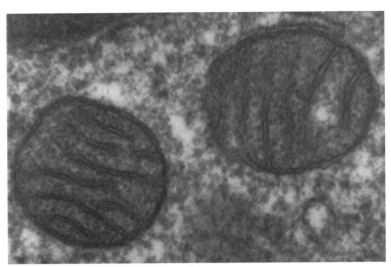

➡ 포유류의 폐조직에 있는 미토콘드리아

리고 그 과정에 참여하는 효소들도 거의 같다.

또 미토콘드리아의 TCA회로에서 일어나는 반응과 해당과정을 합치면, 정확히 엽록체의 기질에서 일어나는 암반응의 역방향으로 이루어진다는 것을 확인할 수 있다. 그리고 둘 다 기질에서 일어난다는 장소적 공통점도 가지고 있다.

결국 우리는 미토콘드리아에서 일어나는 세포호흡이 엽록체에서 일어나는 광합성 반응과 대단히 유사하며, 세포호흡 자체가 광합성 반응에 쓰였던 도구들을 이용해서 만들어낸 것이라는 점을 알 수 있다.

바닷물 속에 풍부해진 산소는 독이었다. 이 독소는 세포막 안쪽으로 쉴 새 없이 스며들어왔다. 그러나 세포들은 진화과정에서 이 산소를 적극적으로 이용하게 된 것이다. 세포 안으로 스며들어온 산소 분자를 포도당이 분해될 때 만들어지는 피루브산과 결합시키는 신통 방통한 대책을 마련한다. 이 과정에서 산소는 피루브산이 분해될 때 나오는 탄소와 만나 이산화탄소라는, 세포에게는 훨씬 덜 위험한 물질로 바뀌었다. 더구나 그를 통해 더 많은 ATP를 생성할 수 있게 된 것이다. 이때 세포들이 피루브산을 분해하고 이 과정에서 산소를 이용하기 위해 사용한 시스템은 광합성을 하는 생물들이 사용하던 TCA 회로를 조금 변형시킨 것일 뿐이다.

결국 처음 황화수소를 이용해서 양분을 합성하던 황세균이 최초로 시스템을 구축했고, 이를 응용 발전시켜 광합성 시스템이 만들어졌으며, 이 시스템을 변용하여 세포호흡 시스템이 만들어졌음을 우리는 확인할 수 있다. 우리의 선조는 이미 가지고 있던 다른 일을 하던 도구로 새로 닥친 문제를 해결하는 임시방편을 세우는 데 있어선 둘째가라면 서러운 존재들이었다.

이 시점에서 지구 생명의 역사는 다시 한 번 큰 발걸음을 뗀다. 암스트롱의 표현을 빌리자면, 최초의 호기성 세균에게는 작은 변화였지만, 지구 생명 전체에게는 커다란 도약이었다. 이들이 만들어낸 지구 생명 전체의 커다란 도약은 과연 무엇일까?

일단 지구의 표면을 바꾸었다. 앞서 광합성을 하는 생물들이 만들어낸 산소가 지구의 대기를 바꾸고, 적철광층을 형성했다고 언급했다. 그리고 이제 산소호흡을 하는 생물들이 다시 지구의 지층을 바꾼다. 바다 속에 사는 생물들은 세포호흡의 결과로 생기는 이산화탄소가 다시 걸림돌이 되었다. 이들의 세포 속에는 바닷물과 마찬가지로 칼슘 이온이 꽤나 많이 있는데 이 칼슘 이온과 호흡과정에서 발생하는 이산화탄소가 결합하면 탄산칼슘이 된다. 탄산칼슘은 물에 잘 녹지 않고 자기들끼리 달라붙어 결정을 만든다. 세포 내에 이런 딱딱한 결정이 생기면 여러모로 불편할뿐더러 건강에도 좋지 않다. 당연히 세포들은 이런 탄산칼슘을 외부로 배출하거나 한 곳에 모아 두는 등의 조치를 취하게 된다. 그래서 가장 오래된 화석으로 불리는 스트로마톨라이트라든가 다양한 해양생물들이 탄산칼슘으로 된 껍데기를 가지게 되었다. (물론 이런 껍데기가 다른 포식 동물로부터 자신을 보호하는 역할을 하게 되기도 하는데 그것은 조금 더 뒤의 이야기다.) 즉 광합성을 하면서 세포에 위험한 산소를 없애기 위해 이루어진 진화가 결과적으로 산소를 이용한 호흡으로 활용된 것처럼, 호흡으로 발생한 이산화탄소와 탄산 이온이 결합해서 만들어진 탄산칼슘을 어떻게든 처리하기 위해 이루어진 진화가 바다 생물들의 탄산칼슘 껍데기를 만들게 된 것이다.

이런 생물들이 죽으면 껍데기는 바다 밑바닥에 가라앉게 된다. 그 껍데기들이 쌓이고, 눌리고, 합쳐져서 마침내 석회석이 만들어진다. 중생대 백악기의 명칭이기도 하고, 영국 남동해안에 늘어선 하얀 절벽이기도 하며, 지중해 크레타 섬의 어원이기도 한 하얀 돌이란 뜻의 백악(白堊)이 이렇게 만들어졌다.

생물들이 광합성을 하고, 산소호흡을 하면서 바다에 퇴적되는 물질들도 변화되고, 이런 변화는 다시 지구표면을 변화시켰다. 대기의 구성도 바뀌었고, 바닷물 속에 녹아있는 무기염류의 구성성분도 변화되었다. 지구 전체가 변화되기 시작한 것이다.

변화는 여기에 그치는 것이 아니었다. 물속에 녹아있는 산소가 풍부해지고, 이 산소를 이용해 호흡을 하는 생물들이 득세하자, 기존의 산소를 이용하지 않는 호흡을 하는 생물들의 위세가 급격히 꺾였다. 이들 혐기성 세균들은 산소가 풍부한 환경에서는 호기성 세균과의 경쟁에서 도저히 배겨낼 수 없었다. 압도적인 호흡효율은 호기성 세균이 전 세계의 바다 대부분을 장악하도록 만들었다. 혐기성 세균들은 결국 산소가 부족한 환경, 그래서 호기성 세균들이 살기 힘든 곳에서 자신의 존재를 유지하기에 이르렀다. 이제 생물의 주류가 혐기성 세균에서 호기성 세균으로 바뀌었다.

그리고 이렇게 호흡의 효율이 증가함에 따라 세균들 사이의 포식과 피식 관계가 한층 활발해졌다. 예를 들면 이런 것이다. 어떤 세균이 다른 세균을 잡아먹는 데 10의 에너지를 들여야 한다고 가정하자. 그리고 먹힌 세균으로부터 얻을 수 있는 에너지가 약 20이라고 하자. 그렇다면 이 세균이 포식 행위로 얻을 수 있는 이익은 10밖에 되지 않는다. 더구나 다른 세균을 잡아먹기 위해서는 그를 위한 무기를 개발해야 할 것이다. 따라서 추가로 지불해야 하는 비용이 만만치 않다. 더구나 항상 사냥에 성공하는 것도 아니다. 실제로 포식 동물인 사자의 사냥 성공률은 10%를 간신히 넘는 정도다. 따라서 이런 정도라면 당연히 다른 생물을 사냥하는 것보다 이미 수명을 다해 죽은 생물의 사체에서 흘러나온 영양분을 흡수하는 편이 더 유리할 수밖에 없다. 포식 행위가 실질적인 도움이 되질 않는 것이다. 그러나 산소호흡은 동일한 영양분에서 10배 이상의 에너지를 확보할 수 있다. 앞서의 예에 따르면 10밖에는 얻을 수 없던 에너지가 최소한 100이 되는 것이다. 이제 사냥은 세균에게 새로운 기회가 된다.

비록 핵도 제대로 갖추지 않은 단세포 원핵생물이지만 이들 사이에 기초적인 포식과 피식 관계가 성립하기 시작했다. 피식과 포식 관계가 시작되었다는 것은 생태계가 만들어질 기반이 조성되었다는 의미다. 생태계는 기본적으로 먹이 사슬이 그 기초가 된다. 그리고 먹이 사슬은 기본적으로 포식-피식 관계다. 이제 생태계가 서서히 갖춰지기 시작한다. 하지만 본격적인 생태계가 형성되려면 아직 두어 단계가 더 지나야 한다.

세포내 공생과
진핵생물의 탄생

고세균 하나가 얕은 바다 속 바위에 붙어있다. 촘촘히 나있는 섬모로 바위를 움켜쥐고 물살에 떠내려가지 않도록 버티고 있는 중이다. 그런데 고세균과 바위 사이 섬모들이 빽빽이 들어선 틈에서 공기 방울이 끊임없이 나오고 있다. 조금 더 자세히 보자. 섬모와 섬모 사이에는 다른 생명체들이 붙어 있다. 이 녀석들은 세균(박테리아)이다. 고세균이 참치라면 이 세균들은 멸치 정도 크기에 불과하다. 하지만 다른 세균과는 좀 다르다. 이 녀석들의 세포막은 아코디언처럼 주름이 촘촘하게 잡혀져있다. 그리고 그 주름 사이로 끊임없이 공기 방울을 토해내고 있다. 지금부터 20억 년 정도 전의 일일 것이다. 고세균과 호기성 박테리아가 서로 도움을 주고받는 공생을 통해 새로운 역사를 쓰고 있는 중이다. 이 장면은 지구 생명이 다시 한 단계 도약하는 순간이다.

이들 둘은 바로 옆에서 서로 도움을 주고받다가 마침내 한 집에서 살기로 한다. 고세균의 세포 안으로 호기성 박테리아(미토콘드리아의 선조)가 들어간 것이다. 호기성 박테리아가 이렇게 고세균의 몸 안에서 같이 살게 되면서 극적인 변화가 일어난다. 호기성 박테리아는 자신의 DNA 대부분을 같이 사는 친구에게 넘긴다. 미토콘드리아의 선조가 하는 산소호흡은 꽤나 복잡하기도 하지만 위험하기도 한 일이다. 세포에게 치명적인 이온과 전자, 유리산소가 시도 때도 없이 생기는 일이다. 따라서 이런 일을 하는 근방에 중요한 자료를 놓아둘 순 없는 것이다. 이 책을 쓰는 나도 매일 원고를 클라우드에 저장하고, 동시에 외장하드에 저장하면서 쓴다. 미토콘드리아의 선조들도 마찬가지로 위험한 일을 하고 있는 자신의 내부에 DNA를 놓아두기 보다는 안전한 고세균에게 자신의 DNA를 넘겨주기로 했다. 그리고 이는 더 효율적이기도 한 일이다. 미토콘드리아는 하나의 세포에 한 개만 존재하지 않는다. 적게는 몇십 개에서부터 수천 개씩 존재하기도 한다. 그 모든 미토콘드리아들이 같은 DNA를 중복해서 가지고 있기 보다는 핵에 보관하다가 필요할 때 쓰는 것이 훨씬 효율적일 것이다. 마치 우리가 각자 집에다 모든 책을 사놓기보다는 자주 보지 않는 책은 도서관에서 빌리고, 아주 중요하거나 자주 보는 책만 사는 것과 유사하다고 볼 수 있다. 미토콘드리아도 자신이 평소에 자주 쓰는 DNA만 남겨두고 모두 고세균에게 보내버린다.

고세균 안에 살게 된 호기성 박테리아는 더 단순해지고 또 작아졌다. 포도당을 분해해서 ATP를 만드는 활동에 필요하지 않은 모든 세포내 소기관들을 없애고 오로지 산소를 이용한 호흡에만 몰두했다. 크기가 작아지니 고세균 내에 하나가 아니라 수십 개, 혹은 수백 개의 박테리아가 자리 잡을 수 있게 되고, 그 결과 더 많은 에너지를 생산할 수 있게 되었다.

물론 이전의 몸체로 버티던 호기성 박테리아들도 있었을 것이다. 그러나 이 경우 이 자존심 높은 박테리아와, 그와 함께 하기로 한 고세균 파트너는 경쟁에서 처지기 시작한다. 덩치가 큰 박테리아가 많이 살기엔 고세균의 세포 크기가 작아 불편했을 것이고, 큰 몸체를 유지하려니 더 많은 에너지가 소비되었을 것이다. 따라서 이 자존심 높은 박테리아를 자신의 세포 안에 데리고 다니던 고세균은 훨씬 작아진 박테리아를 데리고 다니면서 더 효율적으로 움직이며 번식하는 동료들에 비해 처지기 시작했을 것이고, 사라졌을 것이다.

고세균 또한 극적으로 바뀐다. 마치 하루 10시간씩 알바를 해도 월급으로 한 달에 150만원을 겨우 받던 사람이 하루에 6시간만 일해도 한 달 월급으로 2,000만원이 주어진 상황이다. 당신이라면 어떨까? 이제껏 살던 좁은 원룸을 나와서 거실도 있고, 침실도 있으며, 부엌과 옷방, 베란다가 있는 넓은 집으로 이사를 할 것이다. 물론 저축도 하면서, 씀씀이가 커질 것이다. 에어컨, 벽걸이 TV, 로봇청소기 등 다양한 가전제품과 가구를 사들이고, 자가용도 하나 구할 것이다.

고세균이 바로 그랬다. 소중한 DNA를 제대로 보관하기 위해 이 중으로 된 핵막을 구성하고, 골지체, 소포체 등 다양한 세포내 소기관 을 만들게 되었다. 세포 자체의 크기도 커진다. 이러한 진화는 자연 스럽게 유전자를 증가시킨다. 다양한 소기관을 만들기 위한 설계도 가 더 필요해진 것이다. 이렇게 진핵생물이 만들어졌다. 원핵생물과 진핵생물의 차이는 단어 자체로만 보면 핵이 있느냐 없느냐의 차이 처럼 보이지만 핵심은 미토콘드리아를 가지고 있느냐 없느냐의 차이 다. 미토콘드리아가 있음으로 인해 진핵생물은 여분의 에너지를 가 지고 다양한 시도를 할 수 있게 되었다. 그리고 이러한 시도들은 세 포를 더욱 커지게 하고 복잡해지게 했다.

하지만 진핵생물의 탄생은 단지 그것에 머무르지 않는다. 우리가 알고 있는 생태계가 만들어질 시기가 무르익은 것이다.

예를 들어 보자. 현재 식물을 먹고 사는 초식동물은 에너지 효율 이 대략 10% 정도다. 즉 자신이 섭취한 식물이 가지고 있던 에너지의 10%만 활용할 수 있다. 식물의 세포벽을 구성하는 셀룰로오즈는 정 말 쉽게 분해되지 않고, 그중 많은 부분이 결국 흡수가 되지 않고 대 변으로 빠져 나간다. 채소를 많이 먹는 사람은 웬만하면 변비에 걸리 지 않는 이유가 그것이다. 실제로 초식동물들은 육식동물들보다 대 변량이 훨씬 많다. 초식 동물들은 그래서 육식동물보다 더 많은 양의 먹이를 먹어야만 한다.

육식동물의 경우는 초식동물보다 사정이 좀 낫다. 동물은 식물처럼 소화가 잘 되지 않는 세포벽 성분도 없고, 단백질과 지방 성분도 풍부하다. 그래서 육식동물의 경우에는 효율이 20%를 넘는다.

하지만 그렇다고 하더라도 이런 먹이 사슬이 3~4단계 정도만 가면 전체적인 에너지량은 대단히 줄어든다. 2차 소비자나 3차 소비자의 개체수가 식물과 1차 소비자의 개체수보다 훨씬 적은 이유다.

지금까지 예로 든 식물, 초식동물, 육식동물은 모두 진핵생물들이다. 이들은 모두 미토콘드리아를 가지고 있다. 이 말은 그렇지 않은 생물들에 비해 10~20배가 넘는 고효율의 에너지 시스템이 구축되어 있다는 뜻이다. 그래서 이 정도 비율로 줄어들어도 버티고 살 수가 있다. 그런데 앞에서 산소호흡이 에너지 생산의 효율을 비약적으로 높였다고 얘기한 바 있다. 이런 상황에서 더 효율이 높은 에너지 생산 방법을 필요로 할까 하는 의문이 들 수도 있겠다.

➡ 다양한 진핵생물들

맞다. 산소호흡을

하게 되면서 원핵생물들조차 비약적으로 에너지 생산 효율, 즉 호흡의 효율이 증가했다. 그래서 기본적인 포식-피식 관계가 성립 가능해졌다.

하지만 중요한 한계가 있는 것도 사실이다. 그것은 세포막 자체의 문제에서 기인한 것이다. 이 시기 모든 생물들은 단세포 생물이었다. 그리고 이들은 세포막으로 호흡을 했다. 정확히 말하자면 세포막을 사이에 둔 양성자의 농도 차를 이용해서 ATP를 만들었다. 그런데 세포막 바깥이라는 것이 원체 항상 일정하게 유지되는 환경이 아니니 호흡을 통한 ATP 생산량이 좀 들쑥날쑥하다. 지금도 원핵생물들의 세포막에서의 ATP 생산량은 20여 개에서 30여 개 사이를 왔다 갔다 한다. 더 중요한 것은 이 세포막이 호흡만 하는 곳이 아니라는 점이다. 생물들은 세포막을 통해 필요한 물질을 흡수하고, 노폐물을 배출한다. 이를 위해 세포막에는 통로 역할을 하는 단백질들이 여기저기 꽂혀있다. 그리고 덩치가 큰 물질을 들이고 내놓기 위해서 엑소시토시스^{exocytoxsis} 2와 엔도시토시스^{endocytosys} 3 작용을 하기도 한다. 즉 세포막을 호흡을 위해서만 쓸 수 없다는 것이다. 더구나 세포막을 무한정 늘일 수도 없다. 따라서 아무리 에너지 효율이 높아지더라도 단세포 원핵생물 하나가 생산할 수 있는 에너지의 양에는 한계가 있다.

---

2 엑소시토시스는 세포가 세포막을 통과할 수 없는 큰 물질을 세포막을 이용해서 세포막 밖으로 분비하는 작용이다. 외포작용이라고도 한다.
3 엔도시토시스는 엑소시토시스와 반대로 세포막을 통과할 수 없는 큰 물질을 세포막을 이용해 세포막 안으로 삼키는 작용이다. 내포작용이라고도 한다.

따라서 포식을 통해 영양분을 섭취하더라도 그 처리 과정은 일정한 한계를 가질 수밖에 없는 것이다.

그런데 고세균과 산소호흡세균과의 세포내 공생은 바로 이 문제를 단번에 해결해버린 것이다. 고세균은 자신의 세포 안에 여러 마리의 산소호흡세균을 들였다. 혹은 하나를 들였는데 그 녀석이 분열을 통해 여러 마리가 되었을 수도 있다. 이제 자신의 세포막으로 호흡을 할 필요 없이 세포 안에 있는 여러 마리의 세균들이 산소호흡을 통해 ATP를 생산한다. 세균과 고세균이 서로 반씩 나눠 가진다고 하더라도 자신의 세포질 안에 열 마리의 세균이 있다면 고세균으로서는 이전에 비해 다섯 배의 ATP를 확보할 수 있는 것이다.

산소호흡이 수렵채집에서 농경 유목으로 넘어가는 신석기 혁명과 같다면, 고세균과 산소호흡세균의 세포내 공생은 인력에 의지한 소규모 생산에서 기계를 이용한 대량 생산으로 넘어가는 산업 혁명과 같은 사건이었다.

이 둘의 결합에 의해 새로 진화한 진핵생물은 원핵생물과 전혀 다른 생물학적 특성을 가지게 되었다. 일단 세포의 크기가 커졌다. 내부에 많은 세포내 소기관을 가지게 되고, 미토콘드리아가 수십 개에서 수천 개가 자리 잡게 되다보니 자연스러운 결과다.

그리고 핵이 생겼다. 이중막으로 이루어진 핵막은 이전보다 DNA를 훨씬 더 잘 보호할 수 있게 해주었다. 이렇게 핵막이 필요했던 것은 DNA의 숫자가, 즉 유전자의 숫자가 훨씬 더 많아졌기 때문이기도 하다. 다양한 세포내 소기관을 가지게 됨으로써 진핵세균은 이전에 비해 보다 더 안정적인 정보보호가 필요해졌다.

사실 원핵생물의 경우 유전자를 최소화하려는 경향이 있다. 앞서 언급했듯이 원핵생물의 경우 제대로 된 포식활동을 하지 못한다. 따라서 영양분을 얻는 일이 자신의 능동적 행위에 의해 이루어지기 보다는 외부 환경에 의해 좌우된다. 그리고 대부분의 시기를 외부 영양 공급 없이 지낸다. 그러다가 우연히 영양분이 공급되면 미친 듯이 분열을 해서 번식을 한다. 따라서 이들 세균 사이에서의 경쟁 포인트는 영양분이 입수되었을 때 분열 속도가 얼마나 빠른가이다. 분열 속도가 빠르면 동일한 조건에서 더 많은 개체를 만들 수 있다. 속도가 두 배 빠르면 동일한 조건에서 두 배 많은 자손을 남긴다. 이런 상황이 세 번만 반복되면 자손의 수는 2의 세제곱, 즉 8배가 된다. 순식간에 경쟁에서 이겨버리는 것이다. 그런데 이들의 세포분열에서 가장 많은 시간과 에너지가 투여되는 부분이 바로 DNA의 복제다. 따라서 체중을 줄이듯이 DNA를 최대한 적게 가지고 있는 쪽이 유리하다. 그래서 이들 세균은 당장 필요 없는 DNA를 흘린다. 그러니 핵이 무슨 소용이 있겠는가?

하지만 진핵생물은 다르다. 이제 내부에 최고의 효율을 자랑하는 ATP 생산 기계가 몇 벌씩 준비되어 있다. 그리고 그 기계가 공급해주는 에너지를 바탕으로 온 바다를 활개치고 다닌다. 섬모며 편모를 휘두르며 바다를 돌아다니면서 다른 세포를 잡아먹는다. 영양분이 어디선가 떨어지길 기다리며 시간을 죽일 필요가 없다. 돌아다니면 기다릴 때보다 훨씬 빠르게 먹이를 발견한다. 발견한 먹이는 엔도시토시스로 삼킨다. 세포 안에는 리소좀들이 먹이의 세포막을 분해해서 그 안의 풍부한 영양분을 꺼낸다. 소포체와 골지체가 이들을 운반하고 저장한다. 이제 진핵세포는 사냥을 통해 먹이를 얻고, 먹이로부터 에너지와 양분을 섭취해 자손을 번식시키는 새로운 모습을 보인다. 산업혁명을 통한 대량 생산으로 근대적 자본가층이 나타나듯 포식을 통해 번식을 하는 새로운 유형의 생명체들이 나타난 것이다.

그런데 미토콘드리아의 선조뻘 되는 산소호흡을 하는 세균들은 왜 다른 고세균의 체내에서 사는 세포내 공생을 택하게 되었을까? 몇 가지 가설이 있고, 어느 것도 확정되지 않았지만 현재까지의 유력한 가설은 다음과 같다.

미토콘드리아의 선조세균은 혐기성세균이었다. 원래 산소가 없었던 지구였으니 산소를 좋아하게끔 진화할 이유가 없었다. 그런데 시아노박테리아가 광합성을 통해 바닷물 속에 산소를 뿜어내자 위험에 처하게 된다. 산소기체는 세포막을 마구 통과해 세포 내의 여러 소기관을 파괴하는 독소이기 때문이다. 산소가 풍부한 환경에 사는 우리들조차도 세포에서 발생하는 활성산소에 골머리를 싸매는데 산소가 거의 없던 시절을 살아왔던 선조세균에게는 더 위험했을 것이다. 그래서 어떻게든 세포막에서 산소를 막아야 했다. 그 세포막은 그런데 호흡을 통해 에너지를 생산하는 곳이기도 했다. 아직 산소를 쓰지 않는 호흡이라 포도당을 분해했을 때 결과물은 이산화탄소와 물이 아니라 옥살산이나 아세트산 혹은 피루브산 등 중간산물이었다. 산소가 없는 상태에서는 그럴 수밖에 없다. 세포막에서 이 혐기성 호흡이 일어나므로 중간산물인 유기물도 세포막 주변에 있었다. 바로 이 결과물을 이용해서 산소를 제거하기로 생각한 것이다. 그런데 산소와 이들 유기물들 간의 화학반응은 에너지가 배출되는 과정이다. 이 배출되는 에너지를 ATP 합성에 이용할 수 있게 되면서 호흡의 효율이 획기적으로 높아진 것이다. 그러나 이 과정을 제대로 처리하려니 세포막의 많은 부분이 사용되었고 따라서 먹잇감을 확보하는 부분에서는 다른 생물들보다 불리할 수밖에 없었다. 그리고 이들이 산소를 이용해서 호흡을 함에 따라 주변의 산소 농도가 낮아지고, 그러면 호흡의 효율이 떨어질 수밖에 없다. 더구나 이들 선조세균은 바다 속에서 자유롭게 이동하기도 힘들었다. 워낙 작기도 하거니와 제대로 된 이동 수단을 가지고 있지 못했기 때문이다.

고세균이 선조세균과 가까이 하게 된 것은 ATP 때문이 아니라 산소 때문이었을 수도 있다. 고세균에게도 산소는 골칫덩이였고, 어떻게든 산소를 피하고 싶었을 것이다. 그러다 미토콘드리아의 선조세균을 만난다. 이 선조세균들은 주변의 산소를 흡수해 호흡을 하니 고세균에게는 제대로 된 독소처리시설이었다. 처음부터 미토콘드리아의 선조세균을 자기 세포 안에 넣지는 못했을 것이고 그 주변에서 사는 정도였을 것이다. 그러다 고세균 중 일부가 미토콘드리아를 세포내로 집어넣었다. 이들 선조세균은 산소호흡으로 고세균의 내부를 산소가 없는 청정 환경으로 만들었다. 이제 이들은 마음껏 산소농도가 높은 곳에서 살 수 있게 된 것이다. 오히려 산소농도가 풍부한 곳, 즉 광합성을 하는 세균들이 많아 먹잇감이 풍부한 곳을 찾아다니는 것이 가능해졌다.

선조세균들은 이제 고세균이 산소농도가 높은 곳으로 자유롭게 이동함에 따라 풍부한 산소를 공급받게 된다. 그 뿐만이 아니라 고세균이 혐기성 호흡으로 분해한 결과물을 양분으로 얻게 되었다. 이 양분은 산소호흡의 훌륭한 재료가 되었고, 선조세균은 기쁜 마음으로 자신이 만든 ATP의 일부를 고세균에게 지불한다. 고세균은 산소도 없애고 ATP도 얻는 일석이조의 효과를 얻게 되었다.

결국 미토콘드리아의 선조세균과 고세균의 행복한 동거는 산소 때문에 시작된 것이라는 가설이다.

진핵생물의
체내 목축업

진핵 단세포생물들이 다세포생물로 진화하는 과정을 다루기 전에 먼저 다뤄야할 것이 있다. 바로 광합성을 하는 진핵생물의 탄생이 그것이다.

앞서 다루었던 광합성을 하는 생물은 원핵생물이었다. 흔히 시아노박테리아라고 부르며, 남조류라고도 한다. 이 시아노박테리아가 진핵생물에게 먹혀 엽록체가 되는 과정을 한 번 살펴보자.

진핵생물은 자신의 몸속에 산소를 이용해서 포도당을 분해하는 고효율의 에너지생산 공장인 미토콘드리아를 여러 개 가지고 있다. 하지만 아무리 멋진 공장이 있으면 무슨 소용인가? 공장을 돌리는

데 필요한 재료가 있어야 했다. 미토콘드리아가 요구하는 것은 간단하다. 산소와 포도당이었다. 이 둘을 어디서 확보할 것인가? 진핵생물은 두 가지 방향으로 진화한다. 한쪽은 다른 생물을 잡아먹는 포식의 방향이었고, 다른 하나는 광합성을 하는 세균을 곁에 두는 방식이었다. 마치 인간이 신석기 혁명 당시 농경을 택하거나 아니면 유목을 택한 것과도 유사하다.

처음에는 시아노박테리아를 섬모라든가 편모 같은 것으로 묶어서 데리고 다녔을 수도 있다. 끝도 없이 물결 따라 떠다닐 수밖에 없는 바다에서 한 번 만난 시아노박테리아를 언제 어디서 다시 만날지 어떻게 안단 말인가? 한 번 만나면 잡고 놓지 않는 편이 효율적이었을 것이다. 하지만 섬모나 편모로 묶어서 같이 다니는 것 보다는 차라리 품안에 넣고 다니는 것이 더 낫지 않았을까? 인간이 가축을 울타리에 가두듯이 말이다. 엔도시토시스는 이럴 때 참으로 편리한 방법이다. 시아노박테리아를 세포막 안으로 데리고 들어왔다. 그리곤 자신의 세포막을 녹이지 않고 그대로 둔 것이리라. 사실은 시아노박테리아를 엔도시토시스로 끌어들여선 녹여서 먹을 생각이었을 수도 있다. 하지만 무슨 이유로든가 리소좀이 제 역할을 하지 못하면서 시아노박테리아가 세포질 안에 갇혀버렸던 것일 수도 있다.

어찌되었건 이렇게 시아노박테리아가 진핵생물의 세포질 안에 갇혀서 같이 지내게 되자 진화는 또 희한한 방향으로 이루어진다. 시아노박테리아의 입장에선 진핵생물의 미토콘드리아가 이산화탄소를 제공하니 꽤나 편했을 것이다. 더구나 필수 영양소인 인산염과 질산염도 자신을 가둔 세포가 제공해주니 자신을 복제하기에도 좋았다. 마치 맛있는 음식을 삼시세끼 가져다주는 감옥이라고나 할까? 인간이라면 아무리 호화로운 만찬이 제공되어도 갇혀있다는 사실 자체로 불행하겠지만 시아노박테리아는 그러한 생각 자체를 하지 못한다. 주어진 조건이 번식을 하기에 적합하다면, 그래서 더 많은 유전자를 만들 수만 있다면 의도와 무관하게 존재하고 번성하는 것이다. 그리하여 진핵세포 안에 사는 삶이 시작되었다. 그리고 자신이 만드는 산소가 스스로에게도 위협이 되다보니 자신의 DNA 대부분을 진핵세포의 핵으로 이전하는 것도 자연스러웠을 것이다. 한 번에 모든 DNA를 넘긴 것은 아니다. 흔히 말하는 수평적 유전자 이동horizontal gene transfer이 이루어지면서 서서히 엽록체의 유전자가 진핵세포의 핵으로 이동했다. 효율성 측면에서도 그게 훨씬 낫다. 하나의 진핵 세포에 존재하는 엽록체는 최소 수백 개 이상이다. 그 모든 엽록체가 독자적으로 아주 가끔씩만 쓰는 유전자를 모두 가지고 있을 이유가 있는가? 마치 우리가 개인적으로 자주 쓰는 것은 모두 따로 가지고 있지만 함께 쓰는 식기도구나 가전제품은 가족 전체가 하나만 가지고 있는 것과 다름이 없다. 엽록체마다 가지고 있기 보다는 핵에 이전시키고 필요할 때 가져다 쓰는 것이 더 효율적인 것이다. 그래서 엽록체의 복제와 관련된 많은 유전자가 핵으로 이동했다. 다만 엽록체가 광합성을 하는 데 필요한 효소 등을 생산하는, 아주 자주 쓰는 유전자는 그래도 스스로 가지고 있게 된 것이다. 미토콘드리아에서 일어났던 일이 엽록체에서 다시 반복되었다. 그리하여 시아노박테리아도 점차 스스로를 광합성을 통해 포도당을 생산하는 역할로 한정짓게 된다.

이렇게 해서 광합성을 하는 진핵생물이 생겼다. 물론 바다에서의 일이다. 지금 이들은 모두 조류algae라 부른다. 현생 조류를 보면 엽록체 내의 색소인 엽록소가 같은 종류가 아니다. 김과 같은 홍조류는 엽록소 a와 d를 가지고 있고, 갈조류는 엽록소 a와 c, 녹조류와 지상의 식물들은 모두 엽록소 a와 b를 가지고 있다. 또 이들은 엽록소 외의 보조 색소도 서로 다른 것을 쓰고 있다. 이를 통해서 우리가 유추해볼 수 있는 것은 이들이 처음 엽록소 a를 쓴 원핵세균을 공통조상으로 가진다는 점이다. 그러나 원래 원핵세균이 여러 종류로 분화한 뒤에 각기 다른 진핵생물에 포섭당해서 다른 종류의 조류가 된 것인지, 아니면 진핵생물의 일부가 된 뒤 진화를 통해서 다양해졌

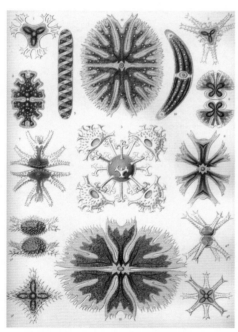

➡ 에른스트 헤켈이 그린 녹조류의 일종(데스미디움)

는지의 문제는 계속 혼란 속에 있었다. 그러나 서로 다른 엽록소를 가진 현존하는 시아노박테리아를 발견함으로써 원핵세균 단계에서 이미 진화가 시작되었다는 것이 밝혀졌다. 즉 다양한 진핵생물과 시아노박테리아의 연합이 과거에 이루어졌고, 그 결과 현재 크게 세 종류의 조류로 진화한 것이다. 이들이 다시 지상으로 진출하는 것은 그로부터도 한참 뒤의 일이다. 이들의 지상 진출을 이야기하기 전에 먼저 다세포 생물의 출현과정을 알아보자.

모여서 살다 보니

단세포생물들은 대부분 분열법으로 번식을 한다. 먼저 핵이 분열되어 두 개가 되고, 두 개의 핵을 중심으로 가운데의 세포막과 세포벽이 분리가 되면서 두 개의 개체가 된다. 그런데 간혹 핵은 이미 분리되었는데 세포질 분리가 완전히 이루어지지 않는 경우가 있다. 마치 샴쌍둥이 같은 경우다. 또는 세포질 분리까지 다 이루어졌지만 웬일인지 두 개의 세포가 그냥 붙어서 다니는 경우도 발생한다. 세포막 외부의 물질들이 둘의 완전한 분리를 막아버린 것이다. 다세포생물의 경우에도 수정란이 분열하는 단계에서 이런 경우가 생기곤 한다. 이런 세포들은 사실 생존에 불리한 경우가 대부분이다. 그러나 가끔은 생존에 도움이 되는 경우도 있다.

가령 광합성을 하는 단세포생물들의 경우 포식자로부터 방어를 하는 방법으로 이렇게 뭉쳐있는 것이 유리할 수 있다. 물론 광합성을 한다는 기본 조건에 충실하려면 몇 겹이 될 순 없고, 사슬모양이나 아니면 얇은 종이처럼 모여 있어야 할 것이다. 조류의 경우 이렇게 세포들이 일렬로 모여 있는 경우가 꽤 많다.

이런 경우, 같은 종species의 여러 세포들이 모여 있게 되는데 이를 군체colony라고 한다. 군체는 또 다른 의미의 공생이다. 보통의 공생은 서로 다른 종이 이득을 주고받는 것이지만 군체는 같은 종이 모여 살면서 서로 간에 이득을 보는 것이다.

가장 큰 이득은 번식 상대자를 구하기 쉽다는 점일 것이다. 이들이 처음 군체를 이루던 시기로 돌아가 보자. 드넓은 바다 곳곳에 눈에 띄지도 않는 작은 단세포 생물들이 망망대해를 떠다니고 있다. 짝을 찾기 대단히 힘든 상황이다. 물론 대부분의 경우에 이들은 분열법으로 번식을 한다. 즉 세포분열을 통해 하나의 개체가 둘이 되는 방식으로 개체수를 늘려가는 것이다. 그러나 진화는 유전적 다양성을 가진 개체가 생존에 더 유리하다는 것을 알려준다. 이들도 몇 번의 세포분열을 통해 번식한 뒤에는 유성생식을 통해 서로간의 유전자를 교환해서 다양성을 확보해야 한다. 그렇게 하는 개체가 살아남기에 유리하다.

원핵생물이라면 간단하다. 이들은 염색체가 핵 안에 있지 않고

세포질 내를 자유롭게 떠돌아다닌다. 특히 플라스미드라 불리는 작은 원형 DNA조각이 있어, 같은 종이 아니더라도 자유롭게 유전자 교환을 할 수 있다. 그러나 진핵생물은 다르다. 이들의 염색체는 핵 안에 꼭꼭 숨어있고, 서로 다른 종 간의 수평적 유전자 이동은 쉽지 않다. 따라서 반드시 같은 종 간의 짝짓기가 필요하다. 이런 경우 짝을 지을 상대를 찾아 망망대해를 헤매기보다 군체를 형성해서 같이 모여 있는 편이 훨씬 유리할 것이다. 따라서 세포막 바깥에 젤라틴 성분을 분비해서 그 점성으로 서로 모여 있는 형태 등을 발전시킬 수 있었을 것이다.

먹이 섭취에도 유리한 점이 있을 수 있다. 단세포생물의 경우 먹이를 사냥할 때 먹이 안에 소화액을 주입해서 소화를 시킨 후 그 내용물을 흡수하는 형태를 취하는 경우가 많다. 이런 경우 소화를 위한 공간을 세포 내에 가지지 않아도 돼 유리하나, 먹이의 영양분을 온전히 다 흡수할 수 없다는 단점이 있다. 또한 바닷물의 흐름에 따라 미처 다 흡수하지 못한 채 먹이와 헤어질 수도 있는 것이다. 이때 이 생물이 군체를 이루고 있다면 달라진다. 하나의 세포가 잡은 먹이로부터 주변으로 흘러나오는 영양분을 주변의 다른 세포들이 흡수할 수도 있고, 여러 세포가 먹이를 지탱함으로써 완전히 흡수할 때까지 먹이를 잡아둘 수도 있다.

어떠한 경우든 군체는 그 나름의 장점을 가지고 있어서 단세포 진핵생물의 경우 군체를 형성하는 방향으로 진화하는 생물들이 생겨나기 시작했다. 실제 연구의 결과도 이를 뒷받침하고 있다. 단세포 생물인 아메바의 일부 종은 상황이 좋을 때는 각각의 개체가 따로 활동을 하다가 조건이 나빠지면 하나로 뭉쳐 군체를 형성한다. 그리고 각 세포의 운동을 공명시켜서 하나의 개체처럼 움직인다. 이런 종류를 세포성 점균류라고 한다. 아메바뿐만 아니라 다양한 원생생물들이 여러 조건에서 어떤 경우에는 개체별로 살다가 상황이 바뀌면 군체를 형성하게 된다.

군체는 그러나 아직 다세포생물이라 볼 수 없다. 온전한 다세포생물은 저마다의 역할에 따라 서로 다른 형태와 기능을 지닌 여러 종류의 세포로 이루어진 생물이다. 가령 우리 인간의 경우 신경세포, 감각세포, 근육세포, 뼈세포 등이 서로 완전히 다른 모습을 하고 있으며 각자의 역할이 다르다. 하지만 군체를 이루는 세포들은 모두 동일한 모습이고, 또 군체를 이루지 않는다고 죽거나 하지도 않는다. 다만 그냥 모여 있을 뿐이다. 그럼 이런 군체에서 본격적인 다세포생물로의 진화는 어떻게 시작되었을까? 다세포생물로의 진화는 대략 10억 년 정도 전의 일이라고 여겨진다.

진핵생물은 총 4개의 계^{kingdom}로 나뉜다. 원생생물계, 균계, 동물계, 식물계가 그것이다. 이중 원생생물계는 거의 대부분이 단세포생물이고 일부 조류만 다세포생물이다. 김이나 우뭇가사리, 미역 등의 해조류가 여기에 포함된다. 그러나 이들은 기본적으로 대부분의 세포들이 모두 같은 종류다. 즉 하는 일이나 기능, 혹은 모양이 별반 다

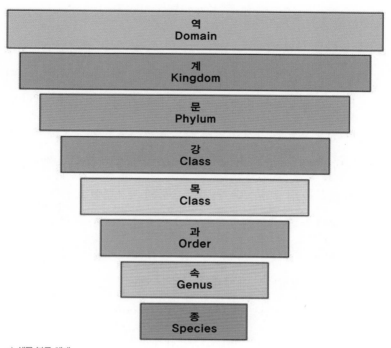

➡ 생물 분류 체계

르지 않다. 균류도 생식세포 정도를 빼고는 별다른 차이가 없다. 좁은
의미의 다세포 생물은 아마 식물이나 동물 정도가 될 것이고, 그중
동물이 가장 다양한 종류의 세포로 개체를 구성한다.

　동물로의 진화란 결국 다세포생물로의 진화라는 뜻이다. 그리고
이 다세포생물은 스스로 양분을 만들 수 없기 때문에 다른 생물을 섭
취함으로써 양분을 얻는 동물이다.

　다세포생물로의 진화에서 가장 먼저 살펴볼 지점은 이들이 서
로 다른 기능을 하는 세포로 구성된 모습을 지니게 된 이유일 것이

다. 그 점에서 해면동물을 한 번 살펴볼 필요가 있다. 주로 바닷가 바위에 붙어서 사는 동물로, 우리가 흔히 쓰는 스폰지의 어원이 되는 녀석들이다. 이들의 몸체 옆에는 많은 구멍들(입수강)이 뚫려있어 이쪽으로 바닷물에 딸려 들어온 먹이를 동정세포로 흡수한다. 따로 순환계나 신경계 등을 가지고 있지 않은 해면동물은 동물 중에서는 가장 간단한 구조로 되어있다. 이들은 외부 표피를 구성하는 세포와 내부에서 소화를 담당하는 단 두 가지 종류의 세포뿐이다. 이들은 수정란에서 발생할 때 다른 동물들과 달리 외배엽과 내배엽의 단 두 가지 배엽을 가지는 이배엽성 동물로 아주 초기적인 세포분화를 볼 수 있다. 그리고 이 과정에서 개체를 구성하는 세포의 일부만이 번식에 참여하는 형태로의 변화도 동시에 이루어진다. 이제 동물은 생식을 담당하는 생식세포와 일반 체세포로 나뉘어졌다.[4]

이제 동일한 유전자를 가진, 그러나 다양한 세포가 모여 더 많은 번식을 통해 더 많은 유전자를 남길 수 있도록 힘을 모으는 유기체로서의 면모를 가지게 된다. 진정한 다세포생물의 시작이다.

다세포생물로의 진화과정을 바라보는 또 다른 시각으로는 시간적 변화를 개체적 변화로 만들었다는 것이다. 단세포생물의 경우 처음 발생했을 때의 모습과 커서의 모습이 다른 경우가 많다. 우리에게 친근한 다세포생물로 비유를 들자면 곤충의 경우 애벌레의 상태

---

4 물론 그 이전 원생생물의 경우도 군체를 형성하면서 일부 세포만이 번식을 하는 것을 관찰할 수도 있다. 하지만 이들 군체의 경우는 기본적으로 각 세포가 생식세포로서의 능력을 모두 가지고 있다.

를 지나 번데기가 되었다가 성충이 된다. 마찬가지로 해양생물의 경우도 어렸을 때는 유생의 단계를 거치는데 그 모습은 다 자란 성체의 모습과 완전히 다르다. 양서류의 경우도 올챙이와 개구리는 다르다. 마찬가지로 단세포생물도 어렸을 때와 컸을 때의 모습이 다른 것이다. 이들도 발생 단계에 따라 다양한 모습을 가진다. 이런 시간에 따른 다른 모습들이 군체로 모인 세포들 사이에서 동시에 나타나는 것이다. 즉 군체 내의 어떤 개체는 어려서의 모습을 계속 유지하고 있고, 어떤 개체는 다 컸을 때의 모습을, 또 다른 개체는 번식할 때의 모습을 하고 있는 것이다. 어떤 세포는 편모를 지니고, 다른 세포는 포자를 뿌릴 준비 상태의 모습을, 또 다른 세포는 바위에 부착할 수 있는 부착지를 가지는 식이다. 이러한 추론은 초기 단계에서 단세포생물이 다세포생물이 될 때 어떻게 세포의 분화과정을 거치는가에 대한 영감을 주는 중요한 지점이다. 단세포생물에서 진정한 의미의 다세포생물로의 진화는 한 번에 이루어지지 않고 여러 번 독립적으로 이루어진 듯하다. 그 결과로 다양한 종류의 동물들이 생겨났다. 다음 장에서 다양한 동물의 분화에 대해 살펴보자.

캄브리아 대폭발

동물의 경우 총 38개의 문phylum이 있다. 정말 많기도 하다. 이 모든 문들이 한 번에 진화한 것은 당연히 아닐 것이다. 그러나 꽤 오랜 시간 동안 사람들은 이 다양한 문들이 모두 동일한 시기에 진화한 것이라고 믿었다. 시작은 미국 스미소니언 박물관의 찰스 두리틀 월컷 Charles Doolittle Walcott이었다. 그가 1909년 캐나다의 한 산골 버지스에서 최초로 캄브리아기의 화석들을 발견하면서 세상은 깜짝 놀라게 된다. 다윈은 심지어 진화론이 틀렸다면 그 증거가 캄브리아기가 될 것이라고 말했을 정도이다.

그 이전 30억 년이 넘는 기간 동안 바다의 생물들은 단세포 생물들이거나 아니면 다세포생물이더라도 그저 지렁이 모양이거나 해파리 모양 정도만 있었을 뿐이다. 그런데 갑자기 캄브리아기가 되면서 온갖 종류의 동물들이 나타나기 시작했다. 척추동물들의 조상을 비롯해서 외골격을 가지고 마디가 있는 발을 가진 현재의 절지동물과 비슷한 동물도 나타났고 현대의 오징어나 문어와 닮은 동물도 나타났다. 그런가 하면 지금으로선 상상하기도 힘든, 눈이 다섯 개가 달린 오파바니아라든가 왈라키아같은 다양한 생물들이 나타난 것이다.

과학자들은 처음에는 서너 개의 문밖에 존재하지 않던 동물들이 캄브리아기라는 아주 짧은 시기 동안 38개의 문으로 늘어났다고 생각했다. 캄브리아기 이전 지층에서는 전혀 나타나지 않던 동물들이 갑자기 나타났으니 그리 여기는 것도 이해가 될 만은 했다. 그러

➡ 다섯 개의 눈을 가진 오파바니아

나 현대 과학의 발달은 동물들이 38개의 문으로 나누어진 것이 사실은 그보다 이전이라는 것을 확인했다. 정확한 시기를 특정할 순 없지만 대략 10억 년 전에서 5억 년 사이에 이들이 분화를 했다고 현재는 생각하고 있다. 하지만 이들 동물들이 여러 가지 문으로 분화되었다는 것은 내부 시스템의 문제였다. 즉 척추동물이라든가 절지동물, 연체동물, 편형동물 등은 확연히 틀린 내부 구조 때문에 서로 다른 문으로 나누는 것이지, 겉으로 드러나는 모습 때문에 나누어진 것이 아니라는 것이다.

예를 들어 문어는 다리가 8개이다. 거미도 다리는 8개다. 그렇다고 거미가 곤충보다 문어에 가까운 것은 아니다. 거미는 오히려 전갈이나 개미, 지네랑 가까운 사이다. 또 문어는 오히려 내부구조가 조개와 훨씬 가깝다. 마찬가지로 멍게의 경우도 겉으로 보기에는 거북손이라든가 말미잘 같은 동물들과 비슷해 보이지만 사실은 인간하고 더욱 가깝다. 부산 등에서 즐겨먹는 꼼장어[5]와 민물장어는 이름이나 모습에서 서로 비슷해 보이지만 그렇지 않다. 민물장어는 꼼장어보다 인간과 훨씬 더 가깝다. 돌고래와 참치, 그리고 상어는 서로 가까운 사이처럼 보이지만 전혀 다르다. 상어는 가오리와 가깝고 참치는 멸치와 친척이고 돌고래는 코끼리와 친척이다.

따라서 이렇게 겉으로 드러나는 특징을 가지고 문을 나눌 순 없

5 먹장어*Eptatretus burgeri*가 정확한 용어다.

다. 동물을 분류하는 가장 중요한 기준은 내부 시스템이다. 멍게가 생김새가 비슷한 거북손이 아니라 사람과 함께 척삭동물문으로 분류되는 이유는 팔다리가 중요한 것이 아니라 내부 장기와 순환계, 호흡계, 신경계 등의 내부 시스템이 사람과 비슷하기 때문이다. 같은 문에 속하는 생물들은 이런 내부 구조가 서로 같다는 뜻이다. 인간이 속한 척삭동물문을 포함한 38개의 문은 대부분 고생대 캄브리아기 이전의 원생대에 진화방산한 것으로 보인다. 즉 동물들의 서로 다른 내부시스템은 우리의 생각보다 훨씬 이전에 나누어졌다. 그러나 겉으로 보기에는 절지동물도 선형동물도 척삭동물도 모두 길쭉하거나 뭉툭한, 그리고 머리도 꼬리도 구분이 되지 않고 팔다리나 다른 부속지도 별반 없는 지렁이나 개불 같은 모양에서 크게 벗어나지 않았다. 그러니 캄브리아기 이전 시기의 동물 화석이 발견되어도 이들을 서로 구분하기가 쉽지 않았다.

그런데 캄브리아기가 되자 갑자기 이 30개가 넘는 문의 동물들이 제각기 다른 모습으로 진화하기 시작한 것이다. 무슨 일이 있었던 것일까? 아직 확실한 건 없고 대신 많은 가설들이 있다. 눈덩이지구 사건이 진화를 촉발시켰다는 것에서부터 산소 농도의 변화 등 다양한 의견이 있지만 어느 것도 정설로 인정받지는 못한다. 그러나 대부분의 가설들은 하나의 결과이자 원인으로 귀결된다. 바로 적극적 포식의 시작이다. '적극적 포식'이라는 말이 낯설 것이다. 캄브리아기 이전에도 다른 생물을 먹이로 삼는 것은 독립영양생물인 조류 이외의 다른 동물에게는 당연한 일이었다. 그러나 대부분 물속에 유영하는 생물들을 여과섭식하는 형태였거나 바다 밑바닥의 사체를 먹었을 것으로 생각된다. 즉 입을 벌리고 바닷물을 마시면서 같이 밀려들어오는 생물을 걸러 먹는 방법의 소극적 포식 행위가 주를 이루었다는 것이다. 그러나 어찌된 일인지 캄브리아기가 되자 먹이를 직접 찾아가서는 잡아먹는 방식의 '적극적 포식'행위가 시작된 것이다.

이러한 적극적 포식행위는 두 가지를 전제로 한다. 먼저 먹이를 찾기 위한 감각기관이 발달해야 한다. 그리고 먹이를 공격하기 위한 무기가 있어야 한다. 그리고 이 포식 행위는 동시에 먹이가 되는 생물에게도 동일한 기관을 진화시키는 압력이 된다. 사냥꾼이 어디에 있는지 알기 위해서 먹잇감도 감각기관이 발달했고, 사냥꾼으로부터 도망치거나 방어하기 위한 기관이 또한 진화한다.

사실 이렇게 먹이를 찾아나서는 일은 에너지가 꽤나 드는 일이다. 따라서 여과섭식으로 충분한 양분을 섭취할 수 있다면 굳이 먹이를 찾아 나서지 않았을 것이다. 하지만 어떤 이유에선지 여과섭식만으로는 부족한 상황이 도래한다면 어쩔 수 없는 일이다. 처음은 바닷물의 방향에 맞춰 입의 방향을 돌리는 것으로 시작했을 수도 있다. 이왕이면 바닷물이 오는 쪽으로 입을 벌리는 것이 같은 시간 동안 더 많은 양의 바닷물을 걸러낼 수 있을 것이니 말이다. 하지만 이를 위해서도 감각기관이 필요하다. 즉 해수의 흐름을 파악할 수 있는 촉각이 발달해야 가능한 일이다. 피부에 바닷물의 압력을 느끼는 감각세포들이 분포하기 시작하고, 그 압력의 차를 감지해서 고개를 돌리는 근육에 전달할 신경이 필요하다. 그리고 이왕이면 좀 더 좋은 조건에서 여과섭식을 할 수 있도록 움직일 수 있다면 그렇지 못한 개체보다 유리할 것이다. 몸통을 움직여 기어갈 수도 있고, 체절마다 조그마한 돌기 같은 것을 만들어 그를 이용해 움직였을 수도 있다. 각각의 문에 해당하는 동물들은 자신의 내부시스템에 맞춰 알맞은 방법을 선택했을 것이다.

그렇게 원시적이나마 여과섭식을 위한 최소한의 감각과 운동기관이 조금씩 진화하게 된다. 그리고 그중 일부가 그렇게 움직이다가 다른 개체를 만나게 된다. 여과섭식을 하기에는 큰 놈이면 대부분 그저 스쳐지나간다. 그러나 그중 사체를 만나게 되면 이미 죽어 분해되기 시작한 녀석의 몸에서 흘러나온 양분을 섭취할 수도 있다. 그리고 이렇게 밀도 높은 양분은 여과섭식으로 섭취하는 녀석들보다 훨씬 효율적인 먹이가 된다.

아직 적극적 포식이 활발하지 않을 때 바다 밑바닥에는 이런 사체들이 꽤나 높은 빈도로 널려 있었을 것이다. 일부 생물은 사체만을 찾아다니며 그 양분을 흡수하는 방식으로 진화한다. 이 과정에서 두 가지 진화가 일어날 수 있다. 사체를 가지고 경쟁하는 종들 사이에서 다른 종보다 먼저 사체를 찾을 수 있다면 훨씬 유리할 것이다. 사체는 분해되는 과정에서 다양한 화합물을 바닷물에 퍼트린다. 세포막 안에 갇혀 있던 미처 소화되거나 분비되지 못한 것들이다. 그걸 감지할 수 있다면 유리하리라. 새로운 감각기관이 진화한다. 바닷물 속에 퍼진 화학물질을 파악하는 기관이다. 인간의 후각과 미각, 그리고 통각의 일부에 해당하는 감각의 시작이다. 두 번째로 다른 종보다 빨리 이동해야 한다. 제자리에 가만히 있는 사체는 먼저 도착하는 놈의 차지다. 운동기관이 더 효율적으로 변화한다. 바다 밑바닥을 기는 방식을 택하는 종도 있었을 것이고, 흡수한 물을 뿜어내는 로켓과도 같은 방식을 택한 종도 있을 것이다. 또는 표피의 일부를 지느러미처럼 발달시켜 헤엄을 치기 시작하는 동물도 있었을 것이다. 다양한 동물들이 각기 자신의 처지에 맞는 방법으로 운동기관을 발달시킨다.

이렇게 사체를 흡수하는 녀석들 중 일부가 '살아있는 동물'을 흡수하는 변이를 하게 되었을 것이다. 어차피 사체라도 죽은 지 얼마 되지 않은 생물이면 껍질이 아직 분해되기 전이다. 이런 사체라도 흡수할 수 있는 변이가 이루어진 동물은 그렇지 않은 동물보다 생존에 유리했을 것이다. 처음에는 사체의 껍질 중 비교적 무른 부위를 찔수 있는 도구가 먼저 진화했을 것으로 여겨진다. 어차피 흡수를 담당하는 부위는 입이다. 입 주변의 표피가 각질화 되면 충분히 사체의 무른 껍질을 헤집을 수 있고, 그 내용물인 체액을 먹을 수 있다. 이렇게 입 주변에서 발달한 각질은 이제 살아있는 생물의 껍질을 헤집는 데도 쓰인다.

아직 '적극적 포식'이 일반화되지 않은 상태, 먹히는 동물의 경우도 표피를 단단하게 만들 이유가 없다. 무엇이든 필요가 없으면 있던 기관도 사라지는 것이 생물의 세계고 진화의 원리다. 애초에 필요가 없는 단단한 껍질을 애써 만들 필요가 없었을 터, 어떠한 생물도 앞일을 미리 예상하고 준비하지는 않는다. 그러니 당할 수밖에. 최초의 포식자는 어떠한 방어기제도 없는 먹이를 줍듯이 사냥했을 것이다. 당연히 별다른 도구를 발전시킬 이유도 없었을 것이다. 그저 사체 대신 살아있는 동물의 껍질에 생채기를 내고 흡입했을 뿐이다.

다시 암스트롱의 말을 약간 꼬아 말하자면 이 작은 동물의 작은 생채기는 그러나 지구 생물 역사의 커다란 진전이다. 이 작은 포식의 시작이 전지구적인 군비경쟁을 불러일으켰다. 아니 중국고사의 창과 방패의 싸움이라는 것이 더 정확할 것이다. 영원히 창을 새로 다듬고, 방패를 담금질하는 진화의 역사가 시작되었다.

포식이 시작되자 먹잇감이 되는 동물들도 방패를 마련하기 시작했다. 어떤 동물은 주둥이에 붙은 각질 정도로는 상처를 줄 수 없는 딱딱한 껍질을 덮어썼다. 재료는 각기 달랐다. 어떤 녀석들은 키틴질로 된 껍질을 둘러썼고, 다른 녀석은 탄산칼슘으로 된 껍질을 둘러썼다. 같은 탄산칼슘으로 된 껍질이라도 형태는 제각각이었다. 혹은 그저 껍질을 더 두껍게 만드는 정도로 만족하는 경우도 있었다. 두 번째로 먹잇감들도 감각기관을 만들어나간다. 사냥꾼이 다가올 때 그걸 느끼기 가장 쉬운 것은 그들의 움직임이 만드는 바닷물의 파동을 느끼는 것이다. 물고기의 옆줄이 그런 역할을 하고 우리의 귀가 그 역할을 한다. 사냥꾼들이 분비하는 화학물질을 감지하는 기관이 발달하는 경우도 있었다. 이들에게도 코와 혀, 그리고 피부 감각이 생기기 시작한 것이다.

그 와중에 대단히 중요한 진전이 일어난다. 눈이 생긴 것이다. 어떤 이들은 눈이 한 번 생긴 후 후손들에게 전해진 것으로 생각하기도 하지만 실제로 눈은 몇 번에 걸쳐서 독립적으로 발명되었다.[6] 척추동물들은 모두 눈의 기본형태가 같다. 즉 척추동물의 아주 먼 조상이 바다에 살 때 처음 눈이 진화를 했고, 그 구조를 모든 후손들이 같이 사용하고 있다. 물고기건 개구리건 사람이건 모두 같다. 예를 들어 사람의 경우 적당히 가시광선 영역의 진동수를 가진 빛을 흡수하면 망막의 간상세포 안에 있는 광수용색소인 로돕신 내의 옵신의 구조가 변하면서 여러 단계를 거쳐 트랜스듀신이란 조절 단백질을 활성화시켜 신호를 신경세포로 전달한다. 이는 다시 대뇌로 전달되어 우리는 그 빛을 내놓은 물체를 보게 된다. 간상세포는 빛의 세기가 작아도 그 빛을 감지하기 때문에 주로 밤에 사물을 볼 때 사용된다. 그러나 간상세포의 경우 한 종류밖에 없어서 색을 구분하질 못한다. 우리가 밤에 자다 깨서 방 안을 둘러보면 사물의 윤곽은 보이지만 색이 보이지 않는 이유다. 낮에 볼 때는 원추세포를 이용한다. 원추세포는 빛의 자극이 어느 정도 커야 자극을 감지할 수 있다. 그래서 어두울 때

---

6 물론 눈의 발생에 관계하는 유전자가 초파리와 쥐와 사람에게서 동일하다는 것이 이보디보Evodevo를 통해서 밝혀졌다. 그러나 이는 공통조상에서 눈이 먼저 진화한 결과가 아니라 빛을 감지하는 감각세포의 형성과 관련된 유전자로 보여진다.

는 소용이 없다. 대신 종류가 동물에 따라 2개나 3개 혹은 4개가 되기도 하는데 사람은 대부분 3종류를 가지고 있다. 각각 적원추세포, 녹원추세포, 청원추세포라고 한다. 그래서 우리는 색을 구분할 수 있다. 이런 시각세포들은 모두 망막에 배치되어 있다. 망막은 오목하게 들어간 반구형으로 생겼고 그 앞쪽에는 빛을 받아들이는 동공과 홍채, 그리고 각막이 있어서 전체적으로 구형(球形)을 이룬다. 그리고 시세포의 앞쪽에는 시신경이 연결되어 있다. 이 시신경은 모두 모여 맹점이라는 곳으로 빠져나가 뇌로 연결된다. 사람을 포함한 척추동물은 모두 이런 구조의 눈을 가지고 있다. 하지만 절지동물과 연체동물의 눈은 사람과 다르다.

절지동물의 눈은 홑눈과 겹눈으로 나뉜다. 그 중에서도 곤충은 보통 두 개의 겹눈과 세 개의 홑눈을 가진다. 애벌레일 때는 홑눈만 가지고 있다가 성충이 되어야 겹눈이 생긴다. 겹눈은 수천 개의 낱눈이 모여서 이루어진다. 각각의 낱눈은 긴 원통 모양인데 원통의 축과 일치하는 빛만 받아들일 수 있다. 즉 방향이 정해져있는 것이다. 그리고 그 낱눈마다 별도의 각막과 망막이 있고 별도의 신경이 연결되어 있다. 곤충의 뇌는 이 각각의 낱눈이 보내온 신호를 모아 세상을 본다. 흔히 모자이크 상이라고 말하는 식으로 보는 것이다. 겹눈은 낱눈의 수가 많을수록 더 정확해지는데 파리나 벌은 약 4,000개 정도고 가장 눈이 좋다는 잠자리는 무려 3만 개 정도가 된다.

겹눈과 별도로 존재하는 홑눈은 밝고 어두운 정도를 구분하는

➡ 암컷 깡충거미

용도로 주로 사용된다. 파리의 홑눈을 검게 칠하면 밤이 되었다고 생각하고 거의 움직이질 않는다.

거미의 눈은 더 신박하다. 거미는 종마다 눈의 개수가 다르긴 한데 기본적 설계는 8개를 가지고 있는 것이다. 다만 필요가 없어진 경우 6개도 4개도 혹은 없을 수도 있다. 대표적인 거미가 깡충거미다. 이들은 머리를 빙 둘러 8개의 눈이 사방을 보고 있다. 앞쪽의 두 개는 가장 크고 또 길다. 눈이 긴 것은 초점거리를 길게 하기 위해서다. 시야가 좁은 대신 멀리 있는 물체를 볼 수 있다. 주로 먹잇감을 찾는 데 쓴다. 앞쪽 양 옆에 있는 작은 눈은 길이가 짧다. 그래서 가까운 곳만 보고 해상도가 낮지만 대신 넓게 볼 수 있다. 주로 자기를 먹잇감으로 여기는 포식자를 살피기 위해서 있다. 그리고 등 쪽에도 4개의 눈이 있어 뒤쪽의 적을 살핀다. 거미는 머리와 가슴이 합쳐져서 하나의 마디를 이루고 있기 때문에 머리를 좌우로 돌릴 수가 없다. 더구나 눈도 홑눈이라서 사람처럼 상하좌우로 움직일 수 없다. 그래서 여러 방향으로 눈을 두게 된 것이다.

절지동물 같이 크기가 작은 경우 척추동물처럼 여러 개의 시세포를 가진 커다란 눈을 만들기가 어려웠을 것이다. 따라서 몇 개의 시각수용기가 들어있는 작은 홑눈을 먼저 진화시킨 것으로 보인다. 이후 개체의 몸이 커지고 또 시각정보가 더 중요해진 경우에만 낱눈을 모아 겹눈으로 발달한 모양이다. 여기서 중요한 것은 눈 자체의 크기뿐만이 아니다. 시각 정보의 처리는 꽤나 많은 신경세포들이 모여야 한다. 인간의 경우 대뇌 사용량 중 시각정보의 처리가 가장 비중이 크다. 또한 안구 자체도 그 크기에 비해 많은 에너지를 필요로 한다. 즉 고비용의 제품 두 개가 모여야 시각정보가 처리되는 것이다. 따라서 정말 필수적이지 않으면 시각을 발달시키지 않았을 것이란 점은 이해가 되고도 남는다. 절지동물의 경우는 포유동물보다 더 심각하다. 뇌를 이루는 중추신경의 개수가 포유동물에 비해 현저히 작은데 그 작은 뇌의 가장 많은 부분을 시각정보를 처리하는 데 사용하고 있다. 따라서 처음에는 에너지가 적게 들고, 정보량도 작은 홑눈으로 시작했다고 여겨지는 것이다.

연체동물은 우리가 눈이 있다고 생각하는 세 번째 동물이다. 모든 연체동물이 눈을 가진 것은 아니고 오징어나 문어 같은 두족류가 눈을 가지고 있다. 오징어나 문어의 눈은 척추동물의 눈과 대단히 유사하다. 그러나 오징어와 문어는 계통상으로 인간보다 조개에 훨씬 가깝고, 조금 더 멀리 보아도 홑눈을 가진 절지동물과 더 많은 연관 관계가 있다. 인간을 비롯한 척추동물과는 아주아주 먼 사이다. 따라서 오징어나 문어 같은 연체동물의 눈과 척추동물의 눈이 동일한 기원을 가졌다면 그 사이에 존재하는 생물들도 모두 비슷한 형태의 눈을 가져야하거나, 아니면 그런 흔적이라도 있어야 한다. (동굴에 사는 많은 동물들이 눈이 퇴화되었지만 눈의 흔적은 남아있다.) 그러나 그 사이에 존재하는 선형동물, 완보동물, 극피동물 모두 그런 눈의 흔적을 살펴볼 수 없다. 즉 문어의 눈과 인간의 눈은 별도로 발달한 것이다.

그리고 이러한 판단에 도움을 주는 두 동물군 사이 눈 구조의 차이가 있다. 바로 시세포와 연결된 시신경 및 혈관의 위치다.

내가 지금 글을 쓰고 있는 바로 앞에는 LCD 모니터가 있다. 모니터의 액정 뒤에는 전기신호를 연결하는 회로들이 있을 것이다. 그 회로를 LCD 앞쪽, 즉 내가 보는 곳으로 선을 빼지는 않는다. 하지만 인간의 망막은, 아니 척추동물의 망막은 이런 식이다. 시세포 앞쪽으로 시신경과 혈관이 연결되어 있다. 아마 척추동물의 눈이 진화되던 초기에 피부막 아래쪽의 광감지세포 앞쪽으로 신경이 연결되었기 때문일 것이다. 뒤쪽으로는 근육이나 뼈가 있어서 지나가기가 힘들었을 터. 그래서 우리 눈에는 빛이 들어와도 알아채지 못하는 맹점이 있다. 그리고 시세포 앞으로 지나가는 모세혈관도 우리가 보는 걸 방해한다. 마치 영화를 보는데 스크린 앞으로 사람이 지나가는 형국이라고나 할까? 그래서 우리 눈은 미세하게 계속 떨리고 있다. 마치 우리가 앞사람 때문에 보이지 않아 좌우로 고개를 돌리며 앞을 보려는 것과 똑같다. 신경과 혈관을 뒤로 돌리면 좋겠지만 진화는 그런 식으로 확 뜯어고치게 변화시키지 못한다. 항상 기존에 형성된 토대 위에 임시변통으로 일어나는 것이기 때문이다. 이런 구조 때문에 인간의 눈은 망막박리현상이 자주 일어난다. 그런데 연체동물은 눈 뒤쪽에 따로 뼈가 있지 않으니 애초에 신경과 혈관이 뒤쪽으로 형성되어 있다. 오징어도 문어도 마찬가지다. 구조 자체로는 척추동물보다도 효율적이다.

앞서 눈의 발생이 최소 세 번 이상 일어났다고 했다. 방금 예로 든 절지동물, 연체동물 중 두족류, 그리고 척추동물의 세 경우가 각기 독립적으로 눈이 발생한 것이다. 그럼 그 외의 다른 동물은 애초에 눈이 없는 것일까? 맞기도 하고 아니기도 하다. 우리에게 익숙한 형태의 눈은 이 세 종류의 동물만 가지고 있다. 그러나 눈의 범위를 조금 넓히면 그 외의 동물도 있다.

이미 멸종한 동물이긴 하지만, 꽤나 유명한 삼엽충이 첫 예이다. 이들의 눈은 렌즈, 즉 수정체로 방해석을 쓴다. 참으로 신기한 일이 아닐 수 없다. 방해석은 원래 복굴절로 유명한 광석이다. 글씨를 방해석을 통해서 보면 두 개로 나뉘어 보인다. 빛은 횡적 파동인데 진행방향에 수직인 모든 방향으로 진동한다. 이중 서로 수직이 되는 두 방향이 방해석에서 굴절되는 정도가 달라 잘못 인쇄된 글씨처럼 이중으로 겹쳐 보이는 것이다. 그러나 오직 특정한 방향으로 들어오는 빛만은 복굴절이 일어나지 않는데 방해석의 결정이 형성되는 결정축 방향이 그것이다. 물론 이게 가능하려면 방해석 렌즈를 그 기하학적 방향에 맞추어 자라게 해야 한다. 그리고 삼엽충은 5억 년 전에 그렇게 했다. 그것도 하나가 아니라 모든 낱눈마다 그렇게 만들어낸다. 삼엽충은 절지동물처럼 여러 개의 낱눈이 모인 겹눈을 가지고 있는데 이 수천 개의 낱눈의 렌즈를 모두 빛이 들어오는 방향과 방해석렌즈의 결정축을 맞추어 만들어낸 것이다.

　삼엽충 눈의 경이로움은 또 있다. 삼엽충 중 일부 종류는 낱눈 사이에 약간씩 틈이 있는 겹눈을 가지고 있다. 이렇게 되면 낱눈 사이에 상의 빈틈이 생긴다. 이들은 이를 극복하기 위해 렌즈를 볼록렌즈 모양으로 만든다. 그런데 이 볼록렌즈는 구면수차라는 문제를 가진다. 구면수차란 볼록렌즈를 통과한 빛이 한 곳에 모이지 않는 현상을 말한다. 즉 초점이 맞지 않는 것이다. 우리가 만드는 볼록렌즈도 물론 이런 문제를 가지고 있다. 따라서 망원경이나 현미경 등 섬세한 작업을 하는 곳에 쓰는 렌즈는 한쪽 면을 완전한 구면이 아니라 복잡한 모양으로 만들어서 해결한다. 렌즈가 발명되고도 한 200년 이상 고심한 끝에 데카르트와 하위헌스가 이를 개발했다. 그러나 이들은 삼엽충이 5억 년 전에 개발을 끝내고 나름 상업화까지 한 것을 재발견한 것에 지나지 않는다. 삼엽충들은 이러한 광학적 원리에 입각한 겹눈을 만들어낸다.

삼엽충은 고생대 첫 시기 바다의 지배자였다. 그저 삼엽충이라고 만 할 때는 하나의 종 또는 속 정도로 생각할 수 있겠으나 이들은 하나의 아문subphylum이었다. 즉 절지동물문 중 협각아문이나 갑각아문, 육각아문과 마찬가지의 지위를 누렸던 종족이다. 총 3,900여 종으로 분화되면서 당시의 바다를 지배했다고 해도 과언이 아니다. 이들이 고생대 초를 지배할 수 있었던 데에는 아마 (현재까지의 증거로는) 최초로 눈을 가졌기 때문이었을 수도 있다.

그 외에도 원시적인 눈의 한 형태인 안점을 가진 동물들은 꽤 많다. 안점이란 작은 무척추동물 등이 가지고 있는 조그마한 감각기관인데 빛의 유무 정도만 느낀다. 유글레나 같은 단세포생물도 가지고 있고, 플라나리아나 해파리, 불가사리 등도 가지고 있다. 해파리의 경우 우산모양의 깃 바깥 부분에 이 안점들이 존재한다. 이를 통해 이들은 사물을 인식하지는 못하지만 빛의 방향을 정확히 파악할 수 있다. 이러한 안점이 생긴 것은 꽤나 오래전의 일이다. 다만 이들의 경우 포유류나 여타 동물의 눈과 같은 구조로 진화하지는 않았는데 이는 그들의 생태가 먹이를 적극적으로 찾아다니는 형태가 아니기 때문인 것으로 보인다.

눈이 생기자 바다 속 생태계는 엄청난 변화를 겪게 된다. 지구는 자전을 함으로써 낮과 밤을 만들었으나 그 지구에 깃든 생물들에겐

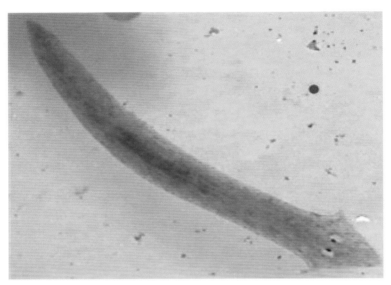

➡️ 안점을 가진 플라나리아

30억 년의 세월 동안 낮과 밤이 의미가 없었다. 생물들에게 낮과 밤이 의미를 가진 건 눈이 생긴 이후였다. 사냥꾼에게 먼저 눈이 생겼는지 아니면 먹잇감에게 먼저 눈이 생겼는지는 모른다. 어쩌면 둘 다에게서 동시에 생겼을지도 모른다. 어찌되었든 눈이 생겼다는 것은 둘 다에게 더 많은 변화를 요구한다. 일단 먹잇감의 입장에서는 낮에 천적들이 훤히 보는 앞에서 그저 잡아먹히기만 기다릴 수는 없다. 일부는 낮의 활동을 포기하고 밤에만 활동하기로 결정한다. 일부는 바위 틈 사이 잘 보이지 않는 곳으로 숨기도 했고, 또 다른 동물은 바닥의 모래나 뻘 속으로 숨어들기도 했다. 모래 밑에 몸 전체를 숨기고 빨대 같은 숨구멍만 내놓고 밤이 되길 기다리는 것이다. 낮 시간을 포기하지 못하는 녀석들은 자신의 몸 표면을 바꾸기도 했다. 바닥이 모래면 모래처럼, 바닥이 뻘이면 뻘처럼 표피 모습을 바꾸고 천적들이 자신을 찾지 못하기만 바라는 것이다. 혹은 천적보다 더 빠르게 도망하는 방향으로 진화하기도 했다.

먹이를 쫓는 사냥꾼에게도 마찬가지였다. 먹잇감이 눈을 가지게 되자 더 은밀하게 혹은 더 빠르게 움직여야 했다. 눈만 내놓고 온 몸을 뻘 속에 감춘 채 먹이를 기다려야 했다. 아니면 수초 속에 숨어 있다가 먹이가 나타나면 미처 도망치기 전에 재빠르게 잽싸게 잡아야 한다. 눈의 탄생으로 먹잇감과 사냥꾼 사이의 군비경쟁은 더욱 빠르고 다양하게 전개되었다. 보려는 동물과 보이지 않으려는 동물들 사이의 치열한 경쟁은 다양한 형태로 나타난다.

바다의 열대우림
산호초

바다는 지구 표면의 70%를 차지한다. 그런데 과거에는 현재보다 더 넓었다. 지구의 역사는 바다가 점점 줄어들고 육지가 점점 늘어나는 역사이기도 하다. 산호가 처음 등장한 때는 지금으로부터 약 4억 5천만 년 정도 전이다.

그 이전 시기 바다의 생물들은 해안가 주변의 얕은 바다에 주로 살고 있었다. 육지 생태계가 식물에 의해 좌우되는 것처럼 바다의 생태계도 마찬가지로 광합성을 통해 영양분을 만드는 생산자에 의해 좌우되게 된다. 그런데 이들 생산자들에게는 빛 말고도 필요한 성분이 꽤 많다. 식물이 빛과 물만 준다고 자라는 것이 아닌 것과 같다. 이

➡ 산호초가 만드는 생태계

들에게도 세포분열을 하고, 자손을 만들기 위해선 인, 철, 황, 마그네슘 등 다양한 무기염류가 필요한 것이다. 그런데 이런 무기염류들은 주로 강물을 통해 바다에 유입이 된다. 따라서 해안가가 무기염류의 농도가 높다. 많은 조류들이 그래서 해안가 주변 얕은 물에 서식한다. 그리고 이들 조류를 먹이로 삼는 다양한 생물들이 주변에 모여들어 하나의 생태계를 이룬다. 그러나 이 정도로는 바다 전체를 아우르기에는 너무 좁다. 지금처럼 바다 전체가 다양한 생태계를 이루게 된 것에는 산호의 역할이 크다.

지상의 세계에서 생물량이 가장 많고 또 다양한 곳은 열대우림이다. 끊임없이 내리는 비와 강렬한 햇빛으로 식물들은 자신이 할 수 있는 최대한의 광합성을 한다. 그리고 그 광합성 산물을 이용하려는 각종 동물과 균, 세균 등의 생물들이 모인다. 지상 전체에서 차지하는 면적은 얼마 되지 않지만 열대우림은 육상의 종다양성 대부분을 책임진다. 바로 이와 같은 역할을 하는 곳이 바다에서는 산호초다. 육지의 두 배 가량 되는 넓이를 가진 바다지만 그 깊이는 훨씬 더 깊어 바다라는 생태계는 사실 지상 생태계에 비해 몇 배나 더 넓은 공간을 차지한다. 그러나 햇빛은 해수면 아래 100미터라는 한계를 가진다. 그 아래는 영원한 암흑의 세계다.[7] 빛이 비치지 않는다는 것은 그를 통해 에너지를 얻을 수 없다는 것을 의미한다. 그리고 에너지가 없으면 생명도 없다. 해저 100미터 정도를 경계로 그 아래로는 생명체의 수와 종류가 급감한다.

바다에서의 제한 조건은 또 있다. 흙이 기름지면 식물이 잘 자라듯이 바다에도 영양염류가 풍부하면 식물성 플랑크톤이 자라기 좋다. 하지만 대부분의 영양염류는 육지로부터 강물을 통해 전달된다. 즉 해안가가 영양분이 풍부하고 바다 한 가운데는 비교적 영양분이 부족하다는 뜻이다. 물론 해저 바닥은 바다에서 살다 죽은 생물들의 사체가 가라앉아 생긴 영양분이 풍부한 곳이다. 그러나 대개의 경우 깊은 심해의 바닷물은 표층으로 올라오지 못한다. 바다는 표층과 심해층 사이에 수온약층이란 구간이 있다. 이 구간의 위쪽은 햇빛을 받아 따뜻한데 반해 아래로 내려갈수록 온도가

---

7 물론 물이 아주 맑을 경우 햇빛은 200미터 정도까지 내려갈 수 있다. 그러나 그 햇빛에 의지해 광합성을 하기엔 빛의 세기가 너무 적다.

내려간다. 따라서 위쪽은 온도가 높아 부피는 커지고 가벼워지고 아래쪽은 반대로 온도가 낮아 부피가 줄어들고 무거워진다. 따라서 가벼운 위쪽과 무거운 아래쪽이 안정된 층을 형성해 바다표면과 심해층 사이의 물질교환을 막아버리는 역할을 한다. 물론 지형적 조건 등으로 심해층의 해수가 용승하는 곳이 있다. 칠레 앞바다라든가 우리나라의 동해 등이 대표적으로 유명한 곳이다. 이런 곳은 당연히 많은 식물성 플랑크톤이 살고 연쇄적으로 많이 생물들이 들끓어 좋은 어장이 된다. 그러나 이런 곳은 드물고, 따라서 대부분의 바다 가운데는 별 볼일 없는 장소가 된다. 특히나 열대 바다는 더하다. 이곳은 수온도 아주 높은데, 산소는 온도가 높을수록 물에 잘 녹지 못한다. 즉 열대 바다는 산소도 부족하고, 동시에 영

➡ 식물성 플랑크톤의 일부인 돌말류를 현미경으로 촬영한 모습

양염류도 별로 없는 곳이다. 이런 곳에선 의외로 생물들이 거의 살지 않는다.

이런 바다에서 산호초가 어떻게 열대우림과 같은 역할을 하는지 알아보자. 산호는 동물이다. 그러나 광합성을 한다. 산호는 동물이니 당연히 엽록체를 가지고 있지 않다. 그런데 광합성을 한다고? 그렇다. 이들 폴립polyp 내부에 사는 조류가 광합성을 하는 것이다. 이들 산호는 고생대에 지구 생태계의 확장에 혁혁한 공로를 세운 생물로 자포동물문이다. 말미잘, 해파리, 히드라 등이 여기에 속한다. 그 중에서도 히드라와 해파리, 상자해파리는 별도의 강으로 분류가 되고 말미잘과 산호가 같은 산호충강이다. 즉 산호의 가장 가까운 친척은 말미잘이다. 여기서 말미잘은 육방산호아강으로 산호와 바다맨드라미는 팔방산호아강으로 분류가 된다. 간단하게 보자면 말미잘은 개별적으로 산다면 산호는 모두 같이 모여 사는 군체를 이룬다는 점이 가장 큰 차

➡ 헤켈이 그린 다양한 말미잘

이점이다.

산호들은 대개 자포라는 촉수 끝의 독이 있는 침으로 다른 먹잇 감을 사냥하거나 물의 흐름을 타고 들어온 녀석들을 먹는데 그때 들어온 생물 중 쌍편모조류를 소화시키지 않고 체내에서 '기른다.' 말 그대로다. 원래 산호를 구성하는 생물은 폴립형으로 생겼다. 자포동물은 크게 해파리처럼 생긴 메두사형과 말미잘처럼 생긴 폴립형으로 나누는데 산호는 말미잘과 같이 폴립형이다. 둥근 주머니처럼 생겼다. 그리고 촉수가 있어 평소에는 넣어두었다가 먹이 사냥을 할 때는 밖으로 꺼낸다. 폴립 자체도 낮에는 탄산칼슘으로 만든 골격 속에 숨어 있다가 밤이 되면 바깥으로 나온다. 이 폴립 안에 조류들이 있다. 이들은 광합성을 통해 만든 탄수화물의 일부를 산호에게 제공한다. 산호는 대신 안정적인 주거지를 제공하고, 인산염이나 질산염 같은 양분을 공급해준다. 호흡을 할 때 나오는 이산화탄소도 물론 공짜로 주게 된다.

조류가 제공하는 영양분 덕에 산호충은 주변의 다른 동물들보다 빠르게 자라고 더 많이 번식을 한다. 번식을 통해 나온 새끼들은 다시 기존의 산호초에 붙어 자신의 골격을 만든다. 이런 과정을 거쳐 산호는 빠르게 집단주거지를 확장시킨다. 비록 폴립은 아주 작은 생물이지만 이들 각자가 만든 산호초는 작게는 수백 미터에서 크게는 수천 킬로미터에 이르는 거대한 구조물이 되었다.

이들이 자신의 주거지인 산호초를 확장시키면서 이곳을 삶의 무대로 삼는 다른 생물들도 찾아오기 시작한다. 해면동물, 조개 등이 산호에 붙어 자라거나 살고, 작은 물고기들이 포식자를 피해 산호초 사이에 숨는다. 그리고 그 작은 물고기를 찾아 더 큰 물고기들이 찾아온다. 개중에는 딱딱한 산호를 깨고 폴립을 먹이로 삼는 녀석들도 있고, 주둥이가 산호의 좁은 구멍을 통과할 수 있도록 뾰족하고 길게 나온 산호의 천적들도 있다. 산호가 알을 낳으면 그 알을 먹으려 대기하는 녀석들도 있다. 성게, 게, 새우 등의 동물들과 해조류도 같이 산다. 산호초에서 발견되는 생물은 현재까지 약 3만 종이나 되는데, 이는 우리가 알고 있는 물고기 중 1/4이 이곳에 사는 것과 마찬가지다. 괜히 바다의 열대우림이라 불리는 것이 아니다.

사실 별 거 아닌 생물들이었다. 바다를 떠다니는 흔하디흔한 조류 중 하나와, 그리고 형제 말미잘이나 사촌 해파리, 히드라와 별 다를 바 없는, 오히려 크기는 그들에 비해 한참 작아 고작 1밀리미터 정도인 폴립형 동물 하나, 이 작은 둘이 만나서 거대한 바다를 바꾼 것이다.

02
지상 생태계의 탄생

사랑하는 나무에게로 갈 수 없어

나무는 저리도 속절없이 꽃이 피고

벌 나비 불러 그 맘 대신 전하는 기라

"그리운 나무", 정희성

　바다에서 광합성을 하던 조류 중 일부는 자신이 살던 터전을 떠나 강가나 해안가에 자리를 잡게 되었다. 떠나온 이에게 어떤 굴곡진 사연이 있었는지는 다음에 물어보기로 하고, 우리는 이들이 당도한 기슭에만 주목해보자. 해안가라면 밀물과 썰물, 파도에서 자유로울 수 없다. 강가라면 우기와 건기가 주기적으로 수면을 높이고 낮추는 일에서 벗어날 수 없다. 그 경계에서의 삶은 참으로 고단했을 터이다.

　그중 일부는 마침내 육지에 올라선다. 긴 과정이었다. 불과 수 밀리, 수 센티미터의 작고 보잘 것 없는 식물로 시작하였다. 땅을 파고 들어가고, 뿌리를 만든다. 수관을 만들고 체관을 만든다. 줄기로 하던 광합성은 잎을 통해서 효율을 높이고, 주변 식물과의 경쟁에서 줄기를 기른다. 포자낭은 꽃으로 바뀌고, 꽃가루와 꿀로 곤충을 유혹한다. 탐스런 열매로 새와 포유동물을 유혹하기도 한다. 봄에서 여름 가을에 걸쳐 대지의 곳곳에서 꽃이 피고, 열매가 열린다. 가을이 지나면 이들의 발밑에는 낙엽이 쌓이고 겨울에는 가지에 눈이 쌓인다.

　강가와 호수가 혹은 해안가에서 시작된 이들의 행보는 점차 아무 것도 없던 대지의 곳곳으로 이어지고, 지구를 푸른 행성으로 만든다. 산을 따라 올라가 산에 숲을 만들고, 들판을 따라 번지며 초원을 만든다. 이들에 의해 흙은 깊어지고, 대기는 신선해진다.

　이들이 묻혀 석탄이 되고, 이들이 분해되어 세균의 먹이가 된다. 이들

의 뿌리에는 균과 세균, 원생동물과 절지동물, 환형동물이 살고, 이들의 잎
에는 애벌레가 있고, 가지와 가지 사이 새들의 둥지가 있다.

　　고생대 실루리아기 이래 식물이 걸어온 길은 그러나 혼자 만든 역사
는 아니다. 이들과 다른 생물과의 공생과 기생, 먹고 먹힘, 서로간의 경쟁
은 우리가 보는 육상 생태계를 이토록 경이롭고 다양하게 만들어왔다. 그
공진화의 역사를 살펴보자.

균과의 공생

물속에서 광합성을 하는 생물들을 보통 조류라고 한다. 이들 중 다수는 단세포생물로 물속을 떠다니며 살아간다. 그러나 그중 일부는 다세포생물로 우리가 잘 아는 해조류라 일컬어진다. 물론 바다뿐만이 아니라 강이나 호수 같은 민물에도 산다. 이들은 육지의 식물과는 완전히 다르다. 겉으로 보기에는 비슷해 보이지만 자세히 보면 식물이 가진 뿌리, 줄기, 잎의 구분이 없다. 바닥에 부착하기 위한 헛뿌리가 있고 나머지는 모두 잎이다. 내부구조도 다른데 이들은 일단 식물과 달리 물이 이동하는 물관도 영양분이 이동하는 체관도 없다. 당연한 일이다. 이미 물속에 사니 온몸에서 그냥 물을 흡수하면 된다.

그리고 온몸으로 광합성을 하니 따로 양분을 이동시켜야 할 이유도 없다. 그저 번식을 위한 생식세포만 따로 있을 뿐이다. 먼 옛날 육지에 생물이 따로 살지 않던 시절부터 이들은 바다의 생태계를 떠받치는 생산자로서 살아왔다.

그런 그들 중 일부는 해양생태계 내의 경쟁에서 패해 목이 좋은 자리에서 쫓겨난다. 쫓겨난 이들이 갈 곳은 두 방향이었다. 좀 더 깊이 내려가거나, 아니면 좀 더 위로 올라가거나. 밑으로 내려가는 것은 한계가 있다. 햇빛이 비치지 않으면 광합성을 할 수 없기 때문이다. 해조류의 일부는 쫓기듯이 해안가로 서식지를 옮긴다. 혹은 민물로 옮기기도 한다.

그리하여 해안가 혹은 강가에 자리 잡은 조류들은 그곳의 환경에 적응하게 된다. 썰물 때가 되어 바닷물이 빠져나가거나 건기가 되어 강의 수면이 내려가면 이들은 대기 중에 드러나게 되는데 이런 시기를 견디는 힘을 얻게 되는 것이다. 표피가 변해서 대기 중으로 수분이 빠져나가는 것을 막는다. 또 대기 중의 산소와 이산화탄소로 호흡과 광합성을 하는 방법을 습득하게 되는 것이다. 그러다 빙하기가 오거나, 혹은 대륙의 이동에 의해 해수면이 영구히 내려가면 해안선을 따라 다시 돌아가기도 하고, 혹은 제자리에서 버티기도 했다. 물론 이렇게 해수면이 내려가면 해안가나 강가의 조류 대다수는 멸종했지만 아주 드물게 그 상황을 견디는 조류가 있었다. 몇 밀리미터, 몇 센티미터의 이 작은 조류들에 의해 지상에 숲이 만들어졌다.

그러나 식물은 홀로 육지로 올라오지 않았다. 처음 올라올 때부터 균과 함께 왔다. '균'이라는 말은 사실 독자들에게 혼동을 주기 쉬운 용어다. 균이란 말을 한 번 정리하고 넘어가자. '세균'이라고 할 때이는 원핵생물을 가리키는 용어다. 앞서 말했듯이 초기 지구에는 원핵생물만 살고 있었는데 그중 하나가 세균이다. 결핵균과 같이 인간이나 다른 동물에게 병증을 유발시키는 녀석들도 있고, 대장균이나비피더스균처럼 인간과 공생하는 균들도 있으며, 기생이나 공생을하지 않고 독자적으로 생존하는 균들도 있다. 이들은 '세균'이다.

'점균Mycetozoa'이라고 할 때는 진핵생물의 한 파트를 담당하고 있는 원생생물 중 한 종류를 말한다. 일종의 아메바라 볼 수 있는데 단세포생물이다. 홀로 살기도 하고, 여러 개체가 같이 모여 살기도 한다. 모여 있는 세포들 사이의 세포벽이 없어 핵이 여러 개인 변형체를 이루기도 한다.

앞에 아무런 말도 붙지 않고 그냥 '균'이라고 할 때는 진핵생물의큰 구분 중 하나인 '균류fungi'를 말한다. 동물도 아니고 식물도 아니며원생생물도 아니다. 독특한 세포벽을 가지고 있고, 포자로 번식한다.곰팡이나 버섯, 그리고 효모가 이들이다. 식물과 같이 공생하는 생물들은 세균bacteria과 균fungi 둘 다이다.

식물에게 필요한 것은 햇빛과 이산화탄소만이 아니다. 광합성을위해서는 물이 필요하다. 그 뿐이 아니다. 탄수화물은 광합성을 통해서 만들 수 있지만 그 외에도 식물의 삶에는 단백질을 만드는 재료인 질소화합물을 비롯해서 다양한 무기염류가 필요하다. 식물은 이를 뿌리로 흡수한다. 이를 위해 뿌리는 물이 있는 곳은 어디든 촉수를 뻗는다. 그러나 대부분의 식물은 뿌리만으로 충분한 수분을 흡수하지 못한다. 식물의 뿌리가 닿는 영역에서 물을 흡수하고 나면 그보다 더 멀리 뻗어야 하지만 뿌리의 성장에는 한계가 있다. 이 한계지점에 균이 있다. 이들은 식물의 뿌리털과 연결되어 뿌리털보다 더 얇고 가는 균사를 뻗어나간다. 이런 균사를 균근이라고도 한다. 이들이 만든 균사의 길이는 나무뿌리의 몇십 배를 쉽게 넘긴다. 균사는 식물의 뿌리가 닿지 않는 곳까지 뻗어나가 식물에게 필요한 물을 공급한다. 그 대가로 식물은 이들에게 포도당을 공급한다. 어떤 경우에는 식물이 만든 포도당 중 80%까지 이들에게 주어지기도 한다. 어찌 보면 이들이 식물에 기대어 산다기보다는 이들이 식물을 기른다고 봐도 과언이 아니다. 드넓은 초원의 지하에는 이들이 만든 균사가 촘촘하기 이를 데 없이 뻗어있다.

이들은 식물들 사이의 균형을 맞춘다. 어떤 풀이 사고가 생겨서 제대로 자라지 못하면 다른 풀들이 공급하는 영양분으로 버티면서 사고가 생긴 풀에게도 물과 무기염류는 제대로 공급해준다. 그 결과 잎이 꺾이거나 다른 이유로 발육이 부족한 식물들도 다른 풀들과 비슷하게 자라게 된다. 잔디 깎는 기계로 잔디밭의 일부만 깎아 보면 바로 알 수 있다. 며칠 말미를 주면 깎여서 키가 작아진 잔디가 다른 동료와 비슷하게 자라있다. 물론 깎인 잔디 자체의 노력도 있겠으나,

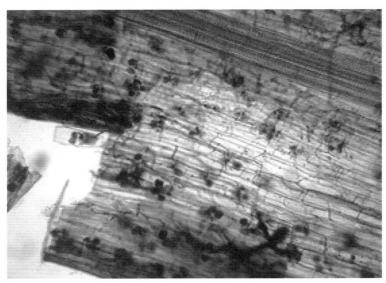

➡ 균근

깎여 제대로 포도당을 공급하지 못했는데도 물과 무기염류를 충분히
공급해준 균사의 역할이 크다. 이러니 정말 어찌 보면 균사들이 자신
의 탄수화물 공급원으로 식물을 키운다는 생각도 든다.

또 다른 사례도 있다. 전 세계에 퍼져 있는 어둠의 시장 중 가장
규모가 큰 것은 마약과 인신 매매, 그리고 무기 공급 시장이라고 한
다. 그런데 이들만큼은 아니더라도 여러 가지 꽤 큰 규모의 어둠의
시장이 있는데 그중 하나가 '난'의 밀수 시장이다. 동양란도 대상이긴
하지만 더 큰 규모의 시장은 유럽과 미국인들이 선호하는 서양란 시
장이다. 자생란은 보통 말레이시아나 인도네시아 또는 남아메리카의
열대우림에 사는 경우가 많다. 그리고 희귀한 난들은 대부분 수출입

은 물론 캐내는 것 자체가 불법이다. 그런데 이런 난을 사고파는 밀수꾼들이 있다. 이들은 난을 캐어 몰래 유럽의 큰손들에게 판매를 하는데 이때 가장 곤란을 겪는 것이 바로 난의 뿌리와 연결된 균사와 질소고정세균의 관리다. 이들의 공생관계가 어찌나 철저한지 균사나 세균이 제대로 뻗지 못하면 기껏 산 비싼 난이 며칠이면 시들어버리고 마는 것이다. 물론 이런 불법 거래 말고도 나무나 풀을 다른 땅에 옮겨 심을 때 가장 주의할 점 중 하나도 바로 이 부분이다. 그러나 난의 경우 균사에 대한 의존도가 대단히 심하다. 이유는 난의 종자가 대단히 작기 때문이다. 난의 경우 종자가 워낙 작아서 거의 눈에 보이지도 않을 정도이다. 따라서 이런 종자로 제대로 발아를 하려면 처음부터 자신과 궁합이 맞는 종류의 균에게 의지할 수밖에 없다. 또한 어렵사리 자라서 완전히 성숙해도 다른 식물에 비해 뿌리가 아주 작다. 그래서 이들의 경우 균사가 뿌리의 역할을 거의 대부분 맡아서 한다. 따라서 난은 옮겨심기가 대단히 힘들다. 밀수꾼들이 어려움을 겪는 것은 좋은 일이나 동일한 이유로 난을 연구하는 학자들도 어려움을 겪기는 마찬가지다.

균사말고 식물의 또 다른 파트너는 세균이다. 특히 그중에서도 질소고정세균은 또 하나의 생산자나 마찬가지다. 독자들은 대부분 생태계 중 생물적 요소가 생산자와 소비자 그리고 분해자로 이루어져 있음을 알 것이다. 세균은 분해자의 역할도 하지만 어떤 의미에서 생산자의 역할을 한다. 이들은 지상의 식물과 동물 모두에게 '단백질'

을 공급한다. 엄격히 말하자면 단백질을 구성하는 아미노산에 꼭 필요한 질산염을 공급한다. 마치 식물이 광합성을 통해 만든 포도당이 모든 탄수화물의 원천인 것처럼 이들이 만든 질산염이 모든 단백질의 핵심이다.

생물에게 에너지를 공급하는 건 탄수화물이고 생물의 몸을 구성하는 물질은 단백질이다. 우리 몸의 세포막에는 물질의 이동을 도와주는 세포막 단백질이 있고, 소화효소를 비롯한 온갖 효소도 단백질이 중심 성분이다. 호르몬도 지질과 함께 단백질이 주된 구성성분이며, 세포 안의 소기관들도 단백질을 중심으로 구성된다. 하다못해 머리카락과 눈썹, 그리고 눈에 잘 보이지도 않는 잔털까지도 모두 단백질이다. 우리 몸은 물을 제외하곤 단백질이 가장 많다. 인간만이 아니라 모든 생물들은 그러하다. 이 단백질의 기본 단위는 아미노산이다. 탄소 원자 하나가 한쪽 손은 카르복시기를 가지고 있고 다른 손은 아미노기를 가지고 있는 형태다. 탄소 원자는 팔이 네 개인데 나머지 두 개는 아미노산에 따라 가지고 있는 것들이 다르다. 이 구조의 필수 요소인 아미노기에 질소 원자가 하나 들어간다. 그래서 단백질을 만들기 위해선 질소가 필수적이다. 물론 대기 중에는 질소 분자가 풍부하게 존재한다. 공기 성분의 78%를 차지한다. 이 질소 분자는 질소 원자 둘로 구성되는데 둘 사이에 삼중결합을 하고 있어서 웬만해서는 끊을 수가 없다. 벼락이라도 쳐야 겨우 끊어질 뿐이다. 따라서 식물은 질소 분자를 흡수해선 단백질을 만들 수가 없다.

바로 이 질소 원자 간의 결합을 끊어내는 일을 하는 것이 바로 질소고정세균이다. 이들이 질소 분자를 끊어 질소와 산소가 결합된 이온의 형태나 혹은 질소와 수소가 결합된 이온의 형태로 만들면 비로소 식물의 뿌리는 이를 물과 함께 흡수하여 아미노산을 만든다. 그리고 이렇게 식물이 합성한 단백질과 아미노산 등을 먹은 초식동물들은 또한 이를 가지고 자신들에게 맞는 아미노산을 재구성하기도 하고, 단백질을 만들기도 한다. 결국 우리가 먹는 채소나 콩, 소고기와 돼지고기에 들어 있는 단백질은 기본적으로 이들 질소고정세균에서 기원하는 것이다. 물론 바다에서도 질소고정작용은 있다. 이 때 질소고정을 하는 세균들은 대부분 광합성을 하는 무리들이다. 즉 광합성으로 탄수화물도 만들고 질소고정을 통해 아미노산도 만드는 것이다. 이들은 해양의 거대한 생태계 전반을 떠받치는 가장 기본적인 생산자들이다.

하지만 육지에서는 사정이 다르다. 질소를 고정하고 광합성도 하는 세균은 육상에서는 경쟁력을 잃었다. 지표에 서식할 수밖에 없는 이들의 머리(가 있을 리 없지만) 위로 풀과 나무들이 그림자를 드리운다. 빛이 제대로 도달하지 못하는 곳에서 광합성을 할 순 없다. 이들은 대신 식물과 함께 공생하는 길을 택했다. 흙 속에서 광합성을 하는 대신 식물이 주는 탄수화물을 얻고, 대신 식물에게 질소산화물을 주는 것이다. 대단히 명쾌한 상거래다. 서로에게 부족한 부분을 주고받는다. 이런 이들로 뿌리혹박테리아가 있다. 이들은 콩과 식물의 뿌리에 난 혹에서 산다. 우리가 즐겨먹는 콩이나 연꽃, 토끼풀 등의 뿌리를 보면 작은 혹 또는 돌기 같은 것들이 줄줄이 달려있는데 바로 여기에 산다. 콩과Fabaceae 식물들은 이들의 도움으로 다른 식물들이 살기 어려운 험지에서도 무난하게 뿌리를 내리고 살아간다. 그래서 사람도 농사를 지을 때 논이나 밭에 2~3년에 한 번씩 콩을 심어 지력(地力)을 보충한다. 콩과 식물은 뿌리혹박테리아와의 공생을 통해 식물군 전체에서 두 번째로 다양한 종을 자랑한다.

뿌리혹박테리아의 입장에서도 콩과 식물은 고마운 존재이다. 당분을 공급받는 것뿐만이 아니다. 이들 뿌리혹박테리아는 기본적으로 혐기성 세균이다. 즉 산소를 싫어한다. 산소가 풍부한 환경에선 살수가 없다. 하지만 이들이 질소 분자를 분해하려면 역으로 산소가 필요하다. 이 이율배반적인 상황을 식물이 해결해준다. 일종의 헤모글

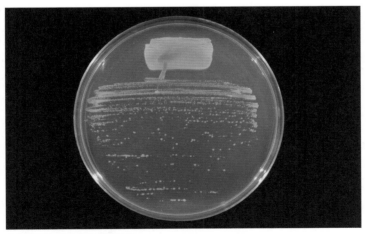

➡ 실험실에서 키운 뿌리혹박테리아

로빈을 만들어 별도로 산소를 공급하는 것이다. 콩과 식물의 뿌리혹을 잘라보면 붉은색 물이 배어나온다. 마치 베인 살갗에서 피가 나는 것 같다. 우리 피가 붉은 것은 적혈구 때문이고, 적혈구가 붉은 것은 적혈구 안의 헤모글로빈 때문이다. 헤모글로빈의 분자 가운데에는 철 원자가 있고, 이를 이용해 산소를 운반한다. 마찬가지로 뿌리혹 안에 있는 액체가 붉은 이유도 헤모글로빈과 비슷한 레그헤모글로빈Leghemoglobin이 있기 때문이다. 레그헤모글로빈의 역할 또한 산소의 공급이다. 뿌리혹박테리아가 공기 중의 질소를 흡수하여 질산염을 만드는 과정은 꽤나 많은 에너지를 필요로 하고 이때는 산소가 필요하다. 하지만 박테리아 자체는 산소가 있는 환경에서 살 수 없다. 이 모순된 조건을 해결하기 위해 콩과의 식물들은 뿌리혹 자체는 산소가 있는 환경으로부터 격리시키고 대신 레그헤모글로빈이라는 산소운반체를 만든 것이다.

그런데 여기서 잠깐 의문이 든다. 아니 동물 중에서도 혈액에 헤모글로빈이나 그 비슷한 구조를 가진 동물은 척추동물과 연체동물, 절지동물 등 일부에 지나지 않는데 식물은 어떻게 동물과 유사한 구조를 가지게 되었을까? 더구나 헤모글로빈 분자는 간단하지도 않다. 거의 1만 개에 가까운 원자들이 모여서 이루어진 4차 구조의 단백질이다. 답은 엽록소에 있다. 엽록소는 빛을 받아들여 저장하는 색소인데 그 구조가 헤모글로빈을 구성하는 햄heme과 대단히 유사하다. 다만 엽록소는 철 대신 마그네슘을 가지고 있을 뿐이다. 사실 비타민

B$_{12}$도 분자구조가 이들과 동일하다. 다만 철 대신 코발트 원자가 들어가 있을 뿐이다. 따라서 콩과 식물의 입장에서는 레그헤모글로빈을 만드는 것이 그렇게 힘든 일이 아니었다는 것이다. 그저 잎에서 엽록소로 활약하는 분자 중 일부를 약간, 즉 마그네슘만 철로 바꾸어 뿌리혹에 전달하기만 하면 되는 것이다. 그리고 이렇게 쉽게 변형될 수 있기 때문에 콩과 식물에만 있는 것도 아니다. 처음 발견은 콩과 식물의 뿌리혹에서였지만 지금은 보편적으로 식물 일반에서 발견할 수 있다고 한다.

물론 질소의 공급원이 이들만 있는 것은 아니다. 생물의 사체나 배설물은 대부분 땅에 떨어지고, 이들은 세균이나 곰팡이에 의해 분해된다. 이들이 원래 가지고 있던 단백질도 이 과정에서 분해되어 아미노산으로 혹은 질소산화물의 형태로 흙 속에 존재하게 된다. 이를 식물이 다시 흡수해서 사용한다. 흔히 땅이 좋다, 지력이 좋다고 이야기하는 곳은 바로 이런 유기물이 풍부한 곳이다.

인간도 비슷한 방법을 사용했다. 바다새들은 천적이 접근하기 어려운 외딴 섬에 집단적으로 둥지를 트는 습성이 있다. 이런 곳에는 바다새의 분변이 수백 년간 쌓여 두꺼운 층을 형성하는데 이를 구아노라고 한다. 남아메리카의 많은 섬들이 이런 자원을 가지고 있었고, 이를 채취해서 파는 것이 19세기 한 때 이 지역의 경제를 이끌기도 했다. 구아노는 질산염과 인산염이 풍부해서 어떤 땅에서건 작물이 잘 자라게 해주는 기적의 비료로서 역할을 했다. 물론 이후 이 구아노를 이용해 화약을 만들게 되면서 그 사용처가 늘어나자 모두 바닥을 드러내고 말았다. 20세기 초 암모니아를 합성하여 이를 통해 비료와 화약을 만드는 방법이 독일의 과학자 하버에 의해 발견된 뒤로는 인간은 주로 화학적 방법을 이용해 비료와 화약을 만든다.

그러나 이런 생물의 사체나 분변도 결국에는 식물의 아미노산을 흡수한 결과임을 생각하면, 지상의 모든 단백질은 애초에 질소고정 세균에서 시작된 것이라고 보아야 할 것이다.

물가에서 물러나는
식물들

세균과 균근과의 공생을 통해 육지에 자리한 양치식물과 이끼들은 놀라운 속도로 퍼져나간다. 특히 이끼(선태류)에 비해 육지에 대한 적응력이 더 강했던 양치류들은 강가나 호숫가, 늪지를 중심으로 그 주변을 빼곡하게 메우면서 육지를 점령한다. 이들이 자라는 곳은 그러나 물가를 많이 벗어나질 못한다. 왜냐하면 이들의 번식법이 그 장소를 제한하기 때문이다. 이들은 때가 되면 포자를 퍼트린다. 이들의 포자는 주변에 떨어져선 장정기와 장란기를 만든다. 그리고 장정기에선 정자가, 장란기에선 난자가 생긴다. 정자가 난자에게 다가가서 수정을 하기 위해선 물속을 헤엄쳐 가야 한다. 따라서 이들의 번식은 최소한 일년 중 일정한 시기는 바닥에 물이 고여야 가능한 것이다. 결국 물가를 많이 벗어날 수 없고, 벗어나더라도 비가 많이 오는 시기엔 땅이 물이 고여야 한다.

한편 양치류 간의 경쟁도 치열했다. 이들의 경쟁은 두 가지로 대표된다. 하나는 '누가 더 광합성을 많이 하는가'다. 광합성을 많이 하는 식물은 그 양분으로 더 많은 포자를 만들고, 그 포자를 퍼트려 더 많은 자손을 만들 수 있었다. 그래서 더 넓은 잎을 만들도록, 그리고 주변 식물보다 햇빛을 많이 먼저 받기 위해 더 높아지도록 진화의 압력이 작용했다. 이 과정에서 드디어 나무형태의 식물들이 나타나기 시작했다. 단단한 목질부분을 가지고 중심 줄기가 두껍게 서서 더 높은 곳의 가지에서 잎을 내게 된다.

다른 하나의 경쟁은 보다 멀리 포자를 퍼트리는 것이었다. 어미 식물이 있는 주변은 대부분 다른 식물들로 꽉 차 있을 확률이 높다. 그리고 가까운 곳에 떨어지면 어미와 자식이 서로 경쟁하는 상황이 되기도 한다. 더 많은 자손이 성공적으로 퍼져나가려면 가능한 부모로부터 멀리 떨어진 곳에 도착하는 것이 도움이 된다. 지금도 식물들은 동물이나 바람을 이용해 가능한 씨앗을 멀리 퍼트리려 하는데 이도 동일한 이유다. 그래서 포자를 만드는 곳도 식물에서 가장 높은 곳에 만들어지는 경향으로 진화한다. 지금도 꽃은 대부분의 식물에서 위쪽에 있다. 특히 바람을 주로 이용하는 경우는 더욱 그러하다.

그래서 그들의 포자는 물가에만 떨어지지 않는다. 바람이 그들이 원하는 대로 부는 것은 아니기 때문이다. 그들의 포자 중 일부는 물가에서 벗어난 지역으로도 퍼진다. 그런 포자들은 대부분 제대로 번식에 성공하지 못하고 만다.

하지만 그런 양치류 식물들 중 일부는 살기 좋은 그리고 번식하기 좋은 물가를 차지하는 경쟁에서 밀려나고 만다. 그리고 그렇게 물가에서 밀려난 종들 중에서 식물의 1차 혁명이 일어난다. 물가에서 밀려난 이들은 뿌리를 더욱 깊숙이 뻗어 생장을 위한 수분을 확보하기 시작한다. 또 비가 많이 오는 시기에 흡수한 물을 줄기에 저장하는 방식을 발전시키기도 한다. 일단 살기 위해 필요한 물은 그런 방식으로 확보할 수 있었다. 그러나 번식이 문제였다. 점차 건조한 지역으로 이동한 이들에겐 정자가 난자에게 다가가 성공적으로 수정할 수 있는 그런 공간과 시기가 부족했다.

이들 중 일부에서 변이가 일어난다. 정자의 이동을 물에서 할 수 없다면 필요 없어진 꼬리를 아예 포기하는 방식으로 진화한다. 꼬리와 함께 미토콘드리아와 영양분도 포기한다. 오로지 정핵과 정핵을 둘러싼 껍질만 남긴다. 정자는 그렇게 꽃가루가 되었다. 반대로 난자는 암술 안 깊은 곳으로 들어가서 꽃가루의 정핵을 기다린다. 이들은 바람을 이용해서 정자를 난자에게 옮기기로 한다. 드디어 정자 대신 꽃가루를 뿌리는 식물이 만들어진다. 중생대는 이런 겉씨식물들이 지상의 대부분을 차지하던 시기였다. 이제 양치류들은 습한 곳을 중심으로 한정된 삶을 사는 소수자가 되고, 겉씨식물들이 오히려 내륙

깊숙이 진출하여 새로운 영역을 차지하게 된다. 물가에서 밀려났던 식물들은 거추장스러운 꼬리를 떼어낸 꽃가루를 통해서 잠시 승리의 기쁨을 맛본다. 하지만 곧 이 승자들 사이의 새로운 경쟁이 시작된다.

곤충과의 연대
- 꿀과 꽃가루

    생태계 내에서 우점종은 걱정이 없다. 이쪽을 봐도, 저쪽을 봐도 모두 자신과 같은 종이다. 바람에 꽃가루가 날리면 자기와 같은 종에게 가서 닿게 될 확률이 월등히 높다. 이들에겐 진화의 필요성이 없다.

    그러나 소수인 종은 힘들다. 주변이 다들 다른 종의 식물들이니 바람에 의지해 날아간들 같은 종의 암술머리에 닿을 확률이 적다. 이런 종 중 일부에게서 진화가 일어난다. 처음에는 단순한 사고였을 것이다. 수술은 꽃가루를 만드는 곳이고, 따라서 많은 양분을 필요로 한다. 체관이 꽤나 열심히 일을 해야 하는 곳이다. 그런 녀석 중 일부의 표피 조직에 문제가 생기는 돌연변이가 발생한다. 이 돌연변이는 표피조직을 부드럽게 해서 다른 곤충이나 벌레들이 표피를 파고 안쪽의 수액(체관을 지나는 양분이 가득한 액)을 먹기 좋게 만들었다. 보통의 경우에는 이는 식물에게 나쁜 돌연변이다. 하지만 우연히 수술 부근이 이렇게 된 경우, 의외의 결과를 만들 수 있다. 특정한 곤충들이 이를 알아챈다. 그래서 이 돌연변이종의 수술 주변에 모여 그 수액을 빨아먹는다. 그 과정에서 꽃가루가 이들의 몸에 묻는다. 그리고 이들이 다른 돌연변이종으로 가게 되면서 이들에 의한 꽃가루받이가 이루어진다.

이 돌연변이종은 비록 곤충에게 수액을 빼앗기기는 했지만 꽃가루가 같은 종의 암술에 닿을 확률은 비약적으로 높아졌다. 그 결과 이 돌연변이종은 다른 종에 비해 더 많은 자손을 가지게 되었고, 이 유익한 돌연변이는 종 전체에 확산된다. 그리고 그 중에서 일부가 아예 수술과 연결된 곳에 수액이 솟아나는 샘으로 진화하게 되었을 것이다.

또 꽃가루 자체가 유혹이기도 했다. 꽃가루는 그 자체로 영양이 풍부한 먹이다. 곤충들은 이 꽃가루를 먹기도 한다. 꽃에 앉아 수술의 꽃가루를 먹으면서 이들의 몸에는 자연스레 꽃가루가 묻게 된다. 워낙 많은 양의 꽃가루를 생산하기 때문에 그중의 일부만 다른 꽃의 암술에 가서 수정이 되어도 식물 입장에선 고마운 것이다. 꽃의 탄생은 이렇게 이루어졌을 것이다.

➡ 튤립 수술의 꽃가루들

중생대에 이루어진 이 진화의 결과는 딱정벌레를 곤충의 제왕, 나아가 동물의 제왕으로 만들었다. 그리고 신생대가 되자 딱정벌레의 역할을 나비와 벌이 맡아하겠다고 나선다. 이렇게 꽃과 곤충이 꽃가루받이를 통해서 밀접한 관계를 맺게 되면서 서로의 종다양성을 폭발적으로 확장하게 된다. 동물 종 전체의 약 80% 정도를 절지동물이 차지한다. 그리고 그중 80%는 딱정벌레와 벌, 그리고 나비들이 차지한다. 이 세 종류의 곤충들이 이렇듯 다양한 종분화를 이룩하게 된 첫째 원인이 바로 이 식물의 꽃가루받이를 도우면서이다. 그리고 이들 곤충을 이용해 꽃가루받이를 하는 속씨식물들도 가장 늦게 진화했음에도 불구하고 지상의 식물 대부분을 차지한다. 역시 곤충과의 공진화가 다른 식물과의 경쟁에서 승리를 가져다주었고, 또한 이들의 종분화를 촉진시킨 것이다.

제주는 사시사철 언제 가도 좋은 곳이지만 특히 봄에 가면 유채꽃밭이 절경이다. 언덕 전체에 가득 유채만 피어있다. 봄철 매화와 벚꽃, 개나리, 진달래가 먼저 핀 다음 동네 뒷산을 찾아가면 아까시나무[8]의

---

8 흔히 "아카시아"라고 잘못 알고 있는데 정확한 명칭은 아까시나무*Robinia pseudoacacia*로 미국이 원산지다. 아카시아*Acacia*는 아프리카 원산의 다른 식물이다.

계절이다. 산책로 주변 어디서나 아까시꽃을 볼 수 있다. 이렇게 수도 없이 많이 피어있는 꽃들은 곤충을 가리지 않는다. 즉 아무 곤충이나 와서 꿀을 따면서 몸에 꽃가루를 묻힐 수 있다. 이들이 열심히 꿀을 빨고 다시 날아갈 때 그들이 새로 앉을 꽃은 역시나 이전과 같은 유채거나 아까시일 가능성이 아주 높다. 왜냐면 주변에 가장 많이 핀 꽃이 그들이기 때문이다. 이런 행복은 그러나 드물다. 아까시꽃이 한창인 그 산책로로 다시 돌아가 보자. 허리를 구부려 길가를 살펴보라. 볼펜 끝 볼 크기만큼이나 작은 꽃들이 보인다. 색깔도 다르고 크기도 조금씩 다르고 모양도 다르다. 몇몇이 한 데 모여 피어있기도 하지만 같은 꽃을 자주 보기 어렵다. 이런 꽃들은 아무에게나 꿀을 줄 수 없다. 그 꿀을 먹으며 꽃가루를 몸에 붙인 곤충이 같은 종의 다른 꽃 암술에 가서 전달하리란 보장이 없는 것이다. 기껏 꿀을 만들어 곤충을 불렀는데 자기 꽃가루를 엄한 꽃 암술에 가서 붙여버리면 무슨 소용이란 말인가?

그래서 우점종이 아닌 꽃들은, 아니 식물들은 곤충을 선택하기 시작한다. 그리고 곤충도 마찬가지로 선택한다.

우선 시기별로 피는 꽃이 달라진다. 진달래와 벚꽃과 개나리는 잎보다 꽃을 먼저 피우는 식물들이다. 이들은 시기로 곤충을 구분하는 것이다. 이른 봄 다른 식물들은 먼저 잎을 내어 광합성을 시작한다. 광합성 양분이 충분히 저장되면 그제야 꽃을 피우고 곤충을 불러 모은다. 하지만 그 때까지 기다려선 쉽게 꽃가루받이를 하기 힘

➡ 잎이 나기 전 꽃부터 핀 산수유

든 식물의 경우는 다르다. 다른 꽃보다 일찍 핀 꽃이 그나마 가루받이를 할 가능성이 높았다. 이런 식물들이 조금씩 꽃을 일찍 피우다 보니 지금처럼 잎눈이 채 잎을 열기도 전에 꽃이 먼저 피는 식물들이 생긴 것이다. 그래서 인간인 우리는 조금 더 일찍부터 찾아온 산의 꽃을 즐기는 호사를 누릴 수 있다. 3월이 되면 뒷산에 잎보다 먼저 피는 꽃들이 봄을 알린다. 맨 처음 산수유와 생강나무가 꽃을 피우고 이어 진달래와 철쭉, 개나리가 피며, 벚꽃이 화려하게 초봄의 제전을 마무리한다. 그러고 나서야 비로소 봄은 잎들과 함께 연두색으로 산을 물들인다.

하얗고 노랗고 빨갛게 잎보다 먼저 피는 이 꽃의 절박함은 또 다른 공진화를 이루어낸다. 마찬가지로 이른 봄부터 날아다니는 곤충이 그들이다. 다른 곤충들과 꿀을 가지고 경쟁을 하던 녀석들 중에서 경쟁에 뒤쳐진 곤충들은 마찬가지로 힘들다. 이런 곤충 중 조금 먼저 겨울잠에서 깨거나 조금 먼저 번데기에서 성충으로 우화한 녀석들은 그나마 경쟁을 살짝 비껴나간 덕에 꿀을 먹고 번식을 할 수 있었다. 이들의 자손들은 마찬가지로 조금 빨리 깨어났고, 그런 과정이 반복되자 이들은 아무도 날지 않는 이른 봄에 꽃을 찾는 곤충이 되었다. 우리나라의 대표적인 곤충으론 애호랑나비가 있다. 진달래와 벚꽃, 얼레지의 꿀을 빨고 교미를 한다. 꽃하늘소와 큰줄흰나비도 조금 늦게 나오지만 애호랑나비와 함께 이른 봄철에 꿀을 찾는 녀석들이다.

이른 봄부터 피는 많지 않은 꽃이지만 스스로의 개체수도 많지 않은 작은 곤충들로선 그만으로도 충분히 번식에 필요한 양분을 취할 수 있다. 개체수는 적지만 일찍 핀 꽃들도 덕분에 몇몇 특정 곤충에 의해 충분한 확률로 꽃가루받이를 제대로 할 수 있게 된다. 이러면서 꽃과 곤충은 공진화를 하는 것이다.

그리고 이들 봄꽃의 앞에는 봄인지 겨울인지 모를 시기에 피는 꽃들도 있다. 대표적인 것이 동백과 매화, 군자란 같은 식물들이다. 복수초도 이쪽 무리에 속한다. 이들은 아직 얼음이 채 풀리지 않은 늦겨울 혹은 아주 이른 봄에 핀다. 앞서 열거했던 진달래, 산수유, 벚꽃이 피기도 전이다. 결국 이들도 마찬가지로 가루받이의 경쟁을 피해 좀 더 이른 시기에 꽃이 피는 종으로 진화한 것이다.

그런데 이중 복수초는 특이한 방법으로 가루받이를 한다. 복수초는 키가 작은 초본의 식물이다. 다른 나무들처럼 겨우내 많은 양분을 저장할 수 없으니 이른 봄에 핀 꽃에 담을 꿀이 부족하다. 그래서 이들은 다른 방법을 쓴다. 이들의 꽃을 보면 하루 종일 해를 따라다닌다. 거기다가 꽃이 반원형이다. 그래서 꽃 안에 들어가면 바깥보다 온도가 4~5도 이상 높다. 더구나 해가 지면 꽃잎을 오므려서 그 내부 온도가 일정하게 유지된다. 곤충들이 추운 계절에 쉬어가기에 안성맞춤이다. 이들은 꿀 대신 추운 계절에 안온한 쉼터를 제공하는 것이다.

이런 시기별 공진화는 당연히 봄에만 이루어지는 것이 아니다. 여름에는 여름에 피는 꽃과 그들과 만나는 곤충이 있고, 가을에는 가을대로의 꽃과 곤충들이 있다. 처음에는 같은 종의 식물과 곤충이었겠으나 이들은 시기별로 달라졌다. 곤충이 먼저일 수도 있고, 식물이 먼저일 수도 있다. 서로 다른 시기에 꽃이 피기 시작하면, 같은 시기에 피는 꽃끼리만 수정이 이루어진다. 따라서 이들만의 특징이 유전이 되고, 변이도 이들끼리만 공유가 된다. 이런 과정이 반복되면 자연스럽게 이전에 같은 종이었던 식물들은 서로 다른 종으로 분화되는 것이다. 이는 곤충도 마찬가지다. 처음에는 같은 딱정벌레였으나 꿀을 먹는 시기가 달라지면, 그에 따라 교미도 비슷한 시기에 깨어나 꿀을 먹는 녀석들끼리만 이루어진다. 이들도 비슷한 시기의 녀석들끼리 같은 특징을 공유하고, 다른 시기의 녀석들과는 멀어져 간다. 그리고 결국 다른 종이 되는 것이다.

시기적으로만 분화가 일어나는 것은 아니다. 동네 뒷산을 쉬엄쉬엄 한 번 가보시라. 아침에 해가 뜰 때 그 해를 그대로 담는 남쪽 사면과 오전 9시나 10시가 되어야 그늘에서 벗어나지는 북쪽 사면은 식생의 차이가 확연히 다르다. 남쪽사면에는 비교적 침엽수가 적고, 북쪽 사면에는 침엽수가 많다. 마찬가지로 산맥의 왼편과 오른편이 다르고, 강의 동쪽과 서쪽이 다르다. 처음엔 같은 종의 식물이거나 곤충이었겠으나 이렇게 조금이라도 지역적 차이가 생기면 사는 환경에 따라 다른 전략을 택해야 한다.

이렇게 지역적 차이가 심화되는 것은 이들 식물과 곤충의 특징 때문이기도 하다. 식물은 동물처럼 마음대로 서식지를 옮기기가 힘들다. 특정한 서식지에 적응하게 되면 그곳을 벗어나기 힘들다. 곤충은 또 곤충대로 마음대로 날아다니니 거주 이전의 자유가 인간보다 더 광범위하게 보장될 것 같지만 그렇지 않다. 그 크기를 가지고 날아봤자 멀리 갈 수가 없기 때문이다. 더구나 공진화는 곤충으로 하여금 꿀을 빠는 꽃을 정하고, 알을 낳는 식물을 또 따로 정하게 한다. 곤충이

➡ 다양하게 공진화한 딱정벌레

알을 낳는 식물은 따로 먹이식물이라고도 한다. 알에서 깨어난 애벌레의 먹이가 되기 때문이다. 곤충은 이 두 종류의 식물이 같이 자라고 있는 곳에서 벗어나기 힘들다. 그래서 조금만 지역이 바뀌어도 이들은 다른 종으로 분화한다. 앞산에는 진달래가 주로 피는데 뒷산에는 산수유가 주로 산다면, 산수유와 궁합이 맞는 곤충이 나서기 마련이다. 그리고 그런 곤충이 없다면 진화를 통해서 그 자리를 누군가가 차지하게 마련이다. 이는 식물의 입장에서도 마찬가지다. A라는 나비와 궁합을 맞추던 산의 계곡에 살던 식물이 있다고 치자. 이 식물의 씨앗 중 일부가 바람의 영향으로 산등성이로 꾸준히 퍼져나간다. 그런데 A라는 나비는 계곡에 주로 사는 녀석이라서 산등성이에서는 별로 발견할 수가 없다. 산등성이에선 녀석의 날개가 너무 눈에 잘 띄어서 천적의 먹이가 되기 쉽기 때문이다.

그러자 산등성이의 식물이 피운 꽃에 다른 곤충이 날아오기 시작했다. 계곡에선 나비였는데 여기선 주로 딱정벌레였다. 그러자 딱정벌레가 꿀을 빨아먹기에 좋은 형태를 가진 꽃의 꽃가루가 주로 수정되고, 그런 일이 반복되기 시작하자 계곡의 꽃들과는 다른 모습으로 분화하기 시작한다. 이런 과정을 거쳐서 새로운 종의 식물이 만들어진다. 이는 딱정벌레도 마찬가지다. 이전에는 다른 꽃의 꿀을 주로 빨아먹고 살았는데 새로운 꽃이 생기자, 이 딱정벌레 중 일부가 새로운 꽃에서 꿀을 빨기 시작한다. 그런데 이 새로운 꽃들은 이전의 꽃과 다른 형태였다. 그리고 꽃이 피는 시간도 이전의 꽃보다 조금 늦게 피었다. 이런 미묘한 차이들은 새로운 꽃과 이전의 꽃의 꿀을 빨던 딱정벌레들로 하여금 서로 다른 시기에 짝짓기를 하게 만들고, 이런 짝짓기 방식의 미묘한 차이는 이들을 성적(性的)으로 격리시킨다. 성적인 격리는 다시 이들을 다른 종으로 분화시킨다.

중복수정과 과일

식물이 잘 자라기 위해선 비옥한 토양이 중요하다. 그 속의 풍부한 무기염류야말로 식물이 쭉쭉 커가기 위한 필수요소다. 우리가 식물을 재배할 때도 마찬가지다. 계속 같은 작물을 재배하다 보면 2~3년 뒤엔 제대로 자라질 않기 때문이다. 흔히 지력이 다했다는 표현을 쓰는데 흙 속에 있던 무기염류들을 재배하던 식물들이 모두 빨아올렸기 때문이다. 땅 속의 무기염류가 줄어들면 다음 해에 심는 식물은 잘 자라질 못하게 된다. 식물이 잘 자라기 위해 필요한 무기염류는 대단히 다양하지만 그 중에서도 특히 중요한 것들은 다음과 같다. 일단 인이 있어야 한다. 인은 세포막의 주성분이기도 하며, 동시에 DNA

➡ 과일 바구니

와 RNA, ATP 등의 필수요소다. 철은 광합성을 하는 데 꼭 필요하다. 질소도 필요하다. 공기 중에 풍부한 질소지만 식물이 흡수할 수 있는 것은 물에 녹아있는 질산 이온이나 암모늄 이온의 형태라야 한다. 칼륨과 황, 마그네슘, 칼슘, 염소, 불소 등도 필수적이다.

　그래서 인간이 농사를 지을 때는 다른 종류의 식물을 심어 그대로 갈아엎기도 하고, 한 해를 그냥 쉬어주기도 하고, 비료를 주기도 한다. 자연 상태의 흙은 이 정도는 아니다. 왜냐면 그 위에 자라는 식물들이 인간이 재배할 때처럼 빽빽하지도 않거니와 한 해 동안 자랐던 식물들의 대부분이 잎이든 뭐든 다시 땅으로 돌아가 흙을 살찌우기 때문이다. 하지만 이렇게 토양이 비옥한 곳에는 식물들끼리의 경쟁이 치열한 법이다. 그리고 씨는 눈이 없어서 땅이 비옥한지 아닌지 구분하지 못하고 내려가 앉는다. 옥토는 주인이 이미 있고, 박토는 힘겹다. 다시 진화가 일어나야할 타이밍이다.

식물 중 일부가 결단을 내린다. 씨가 필요로 하는 배젖을 만들어서 씨에게 주자. 마치 우리가 자손들에게 경제적 여유를 주기 위해 재산을 물려주는 것과 유사한 일이다.

물론 당연히 식물이 이런 생각을 하면서 중복수정을 시작하진 않았다. 다만 꽃가루를 만드는 과정에서 일어난 돌연변이에 의해 정핵이 하나가 아니라 두 개가 내려가게 되었을 것이다. 그리고 밑씨에서도 난세포가 하나의 난핵만 가지지 않고 두 개나 세 개의 다른 핵들이 있는 돌연변이가 발생했다. 물론 이런 돌연변이는 아주 드물게 일어난다. 그러나 세상에는 수없이 많은 꽃가루가 있고 수없이 많은 난핵이 있다. 그리고 지구는 45억 년의 시간을 가지고 있다. 몇백만 년 쯤 기다리다 보면 이런 돌연변이들의 드문 만남이 수없이 많이 일어나게 된다. 이러한 변이를 일으킨 꽃가루와 밑씨가 만나서 수정이 일어난다. 그런 수정 중 많은 경우는 발아가 되지 않는 실패였을 것이다. 또는 두 개의 씨가 붙어서 발아했을 수도 있다. 그러나 그 중 일부는 다른 모습을 보인다. 하나는 발아를 하고 하나는 발아하다 멈춰버리는 것이다. 멈춰버린 부분은 싹이 튼 녀석의 영양분이 된다. 이렇게 되자 싹이 튼 식물은 옆의 영양분 덕분에 다른 식물에 비해 훨씬 빠르게 자라고, 더 유리한 조건을 가진 덕분에 더 많은 씨앗을 퍼트릴 수 있게 된다. 이 새로운 식물의 씨앗들은 부모와 같은 형태의 중복수정을 물려받는다. 그리하여 마침내 속씨식물의 시대가 열린다. 꽃가루에서 정핵 두 개가 내려간다. 밑씨에는 난핵 한 개와 극핵 2개가 기다리고 있다. 난핵 하나는 정핵 하나를 만나 배embryo(장차 어린 식물이 될 부분)를 만들고, 극핵 두 개는 정핵 하나와 만나 배젖endosperm(배가 싹이 틀 때 필요한 영양분)이 된다.

토양이 비옥한 곳에서는 이렇게 양분을 가지고 태어나는 것이 별 의미가 없을 수 있다. 이미 주변 토양에 충분한 양분이 있으니 말이다. 차라리 이곳에선 더 많은 씨를 뿌리는 편이 유리할 것이다. 그러나 비옥한 토지 주변의 헐벗은 땅에선 다르다. 영양분 덩어리를 가지지 못하고 태어난 겉씨식물의 씨앗은 충분한 영양분으로 든든한 씨앗을 이길 수가 없다. 그리고 당시에도 지구의 많은 육지는 아직 헐벗은 땅이었다. 이제 지구의 육지는 속씨식물들이 지배하게 되었다.

하지만 이렇게 앞으로 자랄 후손(배)에게 배젖을 주는 속씨식물들끼리도 다시 경쟁이 생긴다. 이 경쟁의 일부에는 동물의 책임도 있다. 배젖은 식물에게만 유용한 것이 아니다. 동물에게도 배젖은 훌륭한 먹이가 된다. 당장 우리 인간도 벼나 밀, 보리, 옥수수의 배젖 부분을 주식으로 삼고 있다. 인간만 그러했을까? 온갖 동물들이 배젖을 먹기 시작했다. 당연히 식물의 입장에선 이 배와 배젖을 지키는 것이 중요했다. 배와 배젖의 바깥에 단단한 껍질을 가진 종이 나타난다. 처음부터 아주 단단하지는 않았을 것이다. 아주 조금만 다른 식물보다 단단하면 된다. 다른 식물의 씨앗이 모두 소화될 때, 백 개 중 하나, 아니 천 개 중에 하나만 소화되지 않고 나와 싹을 틔워도 된다. 다른 식물이 모두 먹혀버렸으니 남은 곳은 동물의 배변으로 나온 녀석의 몫이 된다. 더구나 동물의 똥은 이 씨앗이 싹이 터서 자랄 때 훌륭한 비료가 되니 더 좋기도 하다. 그래서 식물의 진화는 다시 진행된다. 한쪽 방향으로는 먹힐 때 먹히더라도 동물의 뱃속에서 소화가 되지 않도록 단단한 껍질을 가지는 방향으로 이루어진다. 우리가 쌀을 먹을 때 도정을 하는 이유다. 도정되지 않은 쌀이 잘 소화가 되지 않는 것은 당연하다. 쌀을 감싸고 있는 쌀겨는 소화되지 않는 방향으로 진화가 이루어진 것이다. 다른 식물의 씨앗들을 봐도 마찬가지다. 밀이나 보리 같은 알곡뿐만 아니라 과일의 씨앗들도 대부분 단단한 껍질로 둘러싸여 있다.

그렇게 열매로의 진화가 시작된다. 이 또한 처음은 아주 작은 차이였을 것이다. 식물의 꽃은 사실 씨앗이 만들어지고 나면 별 필요 없는 기관이다. 그래서 수정이 성공적으로 일어나면 꽃이 진다. 즉 꽃잎은 시들어버리는 것이다. 하지만 그 꽃을 지탱하고 있던 꽃대와 꽃받침, 그리고 밑씨가 들어있던 씨방은 그 자체로 영양성분을 가지고 있기 때문에 동물에겐 나름대로 먹이였을 것이다. 즉 씨앗이 목적이 아니라 씨방과 남은 꽃대를 먹는 것도 초식동물 중 일부에게는 의미 있는 일이었던 것이다.

동물의 선택을 받은 꽃대와 씨방은 그 동물의 배변과 함께하는 씨앗을 남겼다. 결국 동물이 선택하는 식물이 더 많은 씨앗을 싹 틔우고 더 많은 개체를 만들기 시작했다. 동물의 입장에서 다시 생각해보자. 어차피 먹을 꽃이라면 영양분이 풍부한 꽃이 좋지 않겠는가? 결국 변이에 의해서 씨방에 더 많은 영양분이 남아있던 식물이 동물의 선택을 당한다. 사실 식물의 입장에서 이미 씨앗을 맺은 꽃 안에 더 많은 영양분을 남기는 건 불리한 돌연변이였을 것이다. 그러나 이제 영양분을 남기는 식물이 동물의 선택을 받다보니 점차 씨방에 여분의 양분을 남기는 방향으로 진화가 이루어진다.

결국 동물과 식물의 공방 속에서 열매가 만들어진 것이다. 그리고 여기서도 동물과 식물 서로 간에 다양한 방향으로 공진화가 이루어진다. 흔히 베리berry라 불리는 과일들이 있다. 우리말로는 장과漿果라고 한다. 씨방 하나가 작은 과일로 만들어진다. 따라서 꽃이 여러 개 연이어 핀 경우에는 여러 개의 작은 과일들이 연이어 매달린다. 이런 과일들은 새들에게 먹히길 바라는 것이다.

원래 새들은 육식동물이었다. 대부분의 새들은 바다나 강의 물고기들을 먹고 살거나 벌레들을 먹고 산다. 그럴 수밖에 없다. 날기 위해선 무거운 것들을 버려야 했다. 새들은 날기 위해서 아래턱을 버리고, 이빨을 버렸다. 항문과 요도의 끝도 모아서 총배설강이라는 하나의 배설기관만 남겼다. 이러니 소장이라고 길 수 없고, 위도 클 수가 없다. 따라서 먹이도 조금 먹어도 되는 것, 금방 소화되는 것 위주로 먹을 수밖에 없다. 이런 새들에겐 세포벽으로 둘러싸인 식물은 좋은 먹잇감이 아니다. 그러나 식물의 입장에서 보았을 때 새들은 매력적인 씨앗 전달자이다. 하늘을 나는 새만큼 활동 범위가 넓은 동물이 어디 있겠는가? 그리고 높은 곳에 매달린 열매를 쉽게 먹을 수 있는 장점도 있다. 식물이 만든 열매의 일부는 씨방에 고분자 탄수화물인 녹말이나 셀룰로오즈 대신 비교적 소화가 쉽고 흡수도 간편한 이당류인 설탕이나 엿당 혹은 단당류인 포도당을 채워 넣었고, 이런 먹이는 새들이 먹기에 안성맞춤이었다. 머루며 산수유열매, 오미자, 포도, 감 등 다양한 과일들이 새들을 향해 만들어졌다.

그런데 여기서 의문점 하나, 곤충은 어떨까? 곤충은 꽃가루를 옮기는 데는 제격이지만 씨앗을 옮기기에는 그 크기도 작을 뿐 아니라 이동 범위도 좁다. 따라서 애초에 식물의 입장에서 곤충의 활용범위는 제한될 수밖에 없다. 대부분의 과일들이 질긴 껍질 안에 들어있는 것은 이 때문이다. 매끈한 왁스질의 겉껍질은 질겨서 웬만한 곤충이 이를 먹기 힘들게 진화한다. 기껏 새들에게 주려고 만들었는데 곤충에게 나눠줄 순 없는 것이다.

하지만 모든 식물들이 새들만을 겨냥하지는 않는다. 경쟁이란 것은 항상 패배하고 배제되는 영역이 있다. 이들은 다른 대상을 선택할 수밖에 없다. 새로 선택받은 이들은 바로 나무 위를 자유자재로 다니는 포유류들이다. 다람쥐나 청설모 등이 그들이다. 이들을 위해 준비된 과일은 견과류들이다. 밤, 도토리, 아몬드, 잣 등을 잘 생각해보시

라. 우리도 즐겨먹는 이 과일들은 지방성분이 많고 겉껍질이 단단하다. 보통 한 개의 씨를 포함하고 있으며 성숙해지면 씨방벽이 나무처럼 매우 단단하게 변하고 안은 물기가 빠져 있다. 베리류와는 달리 이들의 껍질은 새들이 벗겨낼 수 없다. 즉 새들이 먹지 말라는 것이다. 이걸 먹이로 삼으려면 딱딱한 겉껍질을 벗겨낼 수 있어야 한다. 평생 동안 자라는 이빨을 가지고 있는 설치류가 먹기에 딱이다. 물론 이렇게 좋은 먹이를 설치류만 먹는 것은 아니다. 나무를 잘 타는 대부분의 포유류는 모두 견과류를 먹는다. 아니 나무를 잘 타는 녀석들뿐만 아니라 숲에 있는 거의 대부분의 동물들은 늦가을 이들의 열매를 탐낸다.

견과류는 과육이 주로 단백질과 지방 그리고 탄수화물로 꽉 차 있다. 수분을 많이 빼고 이렇게 영양 성분을 꽉꽉 채워 담는 건 식물로서도 아까운 일일 수밖에 없다. 그러나 어쩔 수 없는 일이다. 식물들끼리의 경쟁이다. 비교적 겨울이 길고 추운 지방의 포유류들은 겨울을 나기 위해 고에너지 먹이를 선호할 수밖에 없다. 그리고 새들은 추운 겨울을 피해 가을이 되면 따뜻한 지방으로 날아가 버린다. 여름내 영양분을 모은 식물들은 늦가을 남아있는 포유류들에게 자기의 열매를 먹어달라고 애원하는 심정으로 고단백 고지방의 열매를 떨군다. 설치류는 원래 벌레를 잡아먹고 칡과 같은 나무뿌리나 줄기에 저장된 영양들을 먹는 종류의 동물이다. 그래서 그들의 앞니는 나무껍질을 갉아내기 좋게 발달한 것이다. 그런데 이제 나무뿌리와는 비교도 되지 않는 먹이가 등장한 것이다. 참나무나 밤나무와 같은 나무들이 들어찬 온대지역의 설치류들은 가을에서 봄까지 이 견과류를 가지고 버틴다. 그리고 이들이 배설한 씨앗들은 마찬가지로 봄이 되어 싹을 틔우며 부모와 같은 나무로 성장하는 것이다.

열대지역은 좀 더 다른 양상을 보인다. 열대우림 지역에는 다른 지역보다 훨씬 더 다양한 동물들이 산다. 따라서 식물들도 씨앗의 매개자로 다양한 종류의 동물을 선택할 수 있다. 열대 과일이 다른 지역보다 훨씬 다양한 종류가 있는 이유다. 새들을 위한 베리류도 있고, 설치류를 위한 견과류도 있다. 그리고 열대의 우림에 사는 대표적인 포유류인 원숭이들을 위한 과일도 있는데, 이들을 위한 과일은 향이 난다. 새들을 위한 과일들은 향이 필요 없다. 대신 나무의 제일 꼭대기나 바깥쪽 눈에 잘 띄는 곳에 잘 띄는 색으로 새들을 유혹한다. 하지만 열대의 우거진 숲 속에선 그럴 수 없다. 따라서 향을 통해서 자신을 알린다. 두리안의 썩는 냄새는 바로 이런 이유다. 그런데 왜 굳이 썩는 냄새일까? 향긋한 냄새는 꽃과 구별이 잘 가지 않기 때문이다. 나는 꽃이 아니라 열매라는 듯이 냄새를 풍기는 것이다. 그럼에도 눈에 잘 띄는 편이 유리하기도 하다. 그래서 열대 과일들도 잎과 같은 색을 띄지 않는다. 노랗든 빨갛든 과일이라고 알아차릴 만한 색을 지닌다.

바로 여기서 원숭이의 공진화도 이루어진다. 원래 포유류의 선조들은 공룡의 시대에 야행성이었다. 낮에 간 크게 공룡들 사이를 활보

할 순 없었다. 해가 지고 어두워져서야 굴을 벗어나 벌레도 잡아먹고 풀뿌리도 캐먹으며 살았던 동물이다. 이런 동물들에게 색은 큰 의미가 없다. 오히려 빛이 약해도 사물을 볼 수 있는 능력이 더 중요하다. 그래서 이들은 대부분 색맹이었다. 앞서 살펴보았듯이 우리 인간의 망막에도 두 가지 종류의 시세포가 있다. 하나는 간상세포라고 하고, 다른 하나는 원추세포라고 한다. 간상세포는 약한 빛에서 반응을 하는 시세포라서 어두운 곳에서 사물을 볼 때 유리하다. 포유류의 선조는 바로 이 간상세포가 망막에 많이 분포해있었고 원추세포는 별로 없었다. 그리고 원추세포의 경우도 종류는 두 가지 뿐이었다. 하나는 주로 빨간색을 감지하고 나머지 하나는 주로 파란색을 감지한다. 인간을 비롯한 포유류들은 거의 모두 흔히 말하는 가시광선 영역의 빛을 감지하는데 빨간색과 파란색은 이 가시광선의 양쪽 끝에 위치한다. 즉 이 두 가지 종류의 빛을 감지한다는 것은 가시광선 영역 전체의 빛을 인식할 수 있게 되는 것이다. 이 정도로도 충분했다.

그러나 원숭이의 조상이 진화의 과정을 거쳐 숲에서 낮 시간에 주로 활동을 하게 됨에 따라 간상세포보다는 원추세포가 더 많이 필요해졌고, 따라서 원추세포가 점점 망막에 더 많이 분포하게 되었다. 그리고 과일을 먹게 됨으로써 또 다른 진화가 이루어진다. 녹색의 잎과 다른 색을 띄는 과일을 구분할 수 있는 원숭이들이 그렇지 못한 원숭이보다 과일을 더 잘 먹을 수 있게 된 것이다. 이 새로운 진화는 다른 진화와 비슷하게 항상 이루어지는 돌연변이에 의해 시작된다.

빨간색을 감지하는 원추세포가 약간 변이가 일어나 파장이 조금 다른 가시광선을 인식하게 되었다. 그것이 녹색을 보는 원추세포의 등장이었다. 그래서 세 가지 원추세포를 가지게 된 원숭이들은 두 가지 색밖에 못 보는 원숭이에 비해 과일을 더 잘 찾아 먹게 되었고, 그에 따라 건강상태가 좋아져 번식에도 유리해지게 된 것이다. 실제로 보면 이런 세 종류의 원추세포를 가지게 되는 것은 아메리카의 신세계 원숭이에게서도, 아시아와 아프리카의 구세계 원숭이에게서도 독립적으로 이루어진 진화였다. 또한 조류들에게서도 이런 변화가 이루어진다.

지금 우리 인간이 다양한 색깔을 볼 수 있게 된 건 결국 씨앗을 보다 풍부한 영양성분과 함께 퍼뜨리려는 열대 식물과 과일을 통해 영양성분을 더 많이 확보하려는 원숭이 사이의 공진화를 통해서 이루어진 것이다.

이제 우리가 먹는 열매를 보면 이런 생각이 들 수도 있겠다. 아무리 씨앗에게 좋은 비료를 주는 것이 중요하다고 해도 동물들에게 치르는 대가가 너무 큰 것은 아닐까 하는 생각 말이다. 사실이다. 하지만 지금 우리가 먹는 과일은 대부분 인간이 품종개량을 한 것이다. 서로 다른 품종이긴 하지만 산딸기와 딸기의 크기를 비교해보라. 포도도 인간이 재배하기 전에는 지금보다 크기도 훨씬 작고 씨앗도 더 많았다. 수박도 마찬가지다. 원래의 야생 수박은 지금보다 크기가 작고 씨앗은 훨씬 많다. 인간에 의해 품종개량이 이루어진 과일들은 새나 원숭이한테 먹히기 위해 만들어진 야생의 조상에 비해 과육은 훨씬 더 달고 많아졌으며, 껍질은 얇아지고 씨도 적어진 것이다. 식물들이 과일에 쏟는 정성은 또한 자신이 원한 대상 이외의 다른 대상이 과일을 먹지 못하게끔 하는 방향으로도 진화를 이룬다. 그 공진화의 결과가 우리 인간에게는 더 풍부한 맛을 주었다. 바로 고추의 캡사이신이다. 고추는 열매 안에 캡사이신 성분을 만들어 놓았다. 그 이유는 다른 벌레나 포유류가 고추를 먹지 못하게 하기 위해서다. 인간도 고추를 먹으려면 꽤 오랫동안 훈련을 해야 한다. 아기들은 매운맛이 나는 음식을 먹지 못한다. 다른 맛과 함께 조금씩 먹으면서 훈련을 쌓아야만 먹을 수 있다. 물론 이 과정 또한 공진화의 결과이긴 하지만 이는 식물이 원했던 결과는 아니다.

고추가 열매 안에 채워 넣은 캡사이신은 포유류에게만 매운맛을 낸다. 조류는 이 맛을 느끼지 못한다. 물론 먹는다고 죽거나 크게 다치지는 않지만 새들 이외의 동물들은 매운맛이 나는 고추를 웬만하면 먹지 않는다. 그 결과 고추는 자신이 원하는 새들에게만 열매를 제공하게 된 것이다.

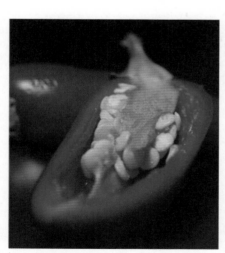
➡ 할라피뇨 고추의 씨앗

캡사이신 뿐만 아니다. 경상도 지역에서 향신료로 많이 쓰는 산초 열매도 마찬가지다. 그리고 열대지역의 후추도 그러하다. 이들 열매들은 그 크기에서 알 수 있다시피 새들에게 먹히고 싶은 것들이다. 하지만 어디 동물들이 이 영양이 풍부한 먹이를 그냥 놔두겠는가? 더구나 후추나무나 산초나무 그리고 고추의 경우 키가 그리 크지도 않다. 열매가 맺히는 곳이 포유류가 먹기 좋은 높이다. 더구나 벌레들도 탐낼 만하다. 그래서 이들은 열매에 포유류나 벌레들이 싫어하는 향과 맛을 배치하는 것이다.

흔히 우리가 향신료라고 이야기하는 것들의 시작은 이러하다. 향신료의 애초의 쓰임새도 이걸 이용한 것이다. 향신료는 그 향도 향이지만 음식물의 보관성을 높이는 작용도 한다. 그 향이나 성분이 다른 세균이나 벌레가 꼬이는 것을 방지하기 때문이다. 바로 식물들이 자신의 열매를 새에게 먹히기 전까지 안전하게 보호하기 위해 만든 그 원리 그대로 인간도 쓰는 것이다.

03
식물과 동물의 공진화

우리가 키 큰 나무와 함께 서서 | 우르르 우르르 비 오는 소리로 흐른다면,

흐르고 흘러서 저물녘엔 | 저 혼자 깊어지는 강물에 누워

죽은 나무뿌리를 적시기도 한다면

"우리가 물이 되어", 강은교

　육상 생태계의 기본은 식물이다. 모든 다른 생물이 식물을 중심으로 생태계에서의 역할을 맡고 거기에 맞춰 각기 다른 진화를 이루어내며 다양성을 획득한다.

　물론 시작은 지형과 기후다. 비가 많이 오는지 건조한지, 높은 산인지 아니면 구릉인지, 추운지 더운지에 따라 서로 다른 식물들이 자리를 잡고, 식물의 됨됨이에 따라 그에 걸맞는 곤충과 새와 짐승들이, 곰팡이와 버섯과 세균들이 찾아든다.

　하지만 이들 사이의 관계는 식물에서 동물로 흐르는 일방적인 흐름만은 아니다. 동물들은 각기 경쟁과 공생, 포식과 피식에 따라 다양한 진화의 변주를 하고, 이러한 변주는 또한 식물에게 영향을 끼친다. 곤충은 꽃가루받이를 하며 식물을 돕고, 식물은 이들에게 꿀과 꽃가루를 제공한다. 새와 설치류와 다른 잡식성 포유류는 식물의 과일을 먹고, 씨를 퍼트린다. 땅 속의 균은 식물의 뿌리와 자원을 교환하고, 동물의 사체는 식물의 거름이 된다.

　이런 관계만 있는 것은 아니다. 딱따구리는 나무에 구멍을 내고, 애벌레는 잎을 갉아먹는다. 비버는 식물의 가지를 끊어다가 자신의 집을 짓는다. 식물에 기생하는 식물도 있고, 곰팡이는 식물을 죽음에 몰기도 한다. 식물도 당하지만은 않는다. 자신의 수액을 빨아먹는 진딧물을 쫓기 위해 천적에게 신호를 보내고, 잎에 독을 담기도 한다. 이렇게 관계는 또 다른

관계를 만들고, 이런 생물들 사이의 그물은 다양한 공진화를 만든다.

아마존의 열대우림과 콩고강 유역의 열대우림은 겉으로 보기엔 모두 같아 보이지만 안을 파고 들어가면 사뭇 다른 풍경을 보여준다. 남아메리카의 초원과 북아메리카의 초원도 서로 다르다. 자연환경이 비슷한 곳에 터를 잡고 사는 생물들은 수렴진화를 통해 비슷한 역할을 하지만 구체적 관계에서 조금씩 다르고, 이런 다름이 진화의 차이와 생태계의 차이를 만든다.

식물에서 시작해 영원히 돌고 도는 공진화의 모습을 살펴보자.

식물됨의 고달픔

꽤나 많은 생물들이 식물을 괴롭힌다. 그중 대표적인 것이 잎을 갉아먹는 것. 기린이나 코끼리, 사슴 같은 포유류에서 달팽이, 곤충의 애벌레에 이르기까지 수많은 동물들이 잎을 갉아먹는다. 이에 대한 대책으로 잎에 독을 넣기도 하고, 잎 둘레에 가시를 만들기도 한다. 그리고 일종의 이이제이(以夷制夷)로 다른 동물을 이용해서 이들을 제어하기도 한다.

우리가 즐겨먹는 나물들을 생각해보자. 대부분의 나물은 식물의 잎이다. 그 중에서도 억센 잎들이 아니라 봄이 되어 갓 나온 부들부들하고 가녀린 잎이다. 비단 인간만이 아니다. 다른 동물들도 이런 갓 나온 부드럽고 물기 촉촉한 새순을 좋아한다. 하지만 식물의 입장에서는 미치고 팔짝 뛸 노릇이다. 겨우내 기다렸다가 이제 막 광합성을 제대로 해보려고 잎을 내는데, 그 잎들이 다 먹혀버리면 도저히 계산이 서지 않는다. 그래서 잎에 독을 뿌려서 먹지 못하게 하는 식물들이 생겼다.

토끼풀은 시안화수소산 클리코시드란 독성물질이 있고, 담배잎은 니코틴이란 독성물질을 담았다. 고사리도 마찬가지고 옻나무도 그러하다. 미치광이풀, 앉은부채, 박새풀, 천남성, 잉글리쉬아이비 등 주변의 흔하디흔한 풀과 잎들이 모두 치명적이거나 그렇지 않더라도 위험한 독성을 가지고 있는 것이다. 그리고 이 정도는 아니더라도 소화 장애를 일으키거나 신경 마비를 일으키는 풀들도 비일비재하다.

이런 독들의 대부분은 알칼로이드란 화학물질이다. 식물은 아니지만 버섯의 경우도 독을 만들면 대부분 알칼로이드다. 인간이 쓴맛을 느끼게 된 것도 독을 방어하기 위한 진화의 결과이다. 대부분의 독이 알칼로이드다 보니 그 맛을 느끼는 감각세포를 혀에 장착하게 된 것이다. 인간만이 아니라 다른 대부분의 포유류들도 알칼로이드의 맛을 느끼는 미각세포를 가지고 있다. 모두 식물의 독에 대비를 하는 것이다. 그래서 우리가 먹는 나물들은 대부분 쓰다. 우리 입에만 쓴 것이 아니라 다른 동물들 입에도 쓰다. 쓴맛은 사실 독의 맛이다.

이제 동물들이 쓴맛을 싫어하게 되자 식물이 그걸 이용한다. 독을 만들기에는 비용부담이 너무 크니 독과 비슷한 맛이 나게 만든 것이다. 혹은 덩치 큰 동물에게는 통하지 않아도 작은 곤충이나 애벌레에게는 꽤 큰 통증을 유발하는 독을 만들기도 한다. 그래서 우리는 대부분의 나물을 날것으로 먹지 않고 데치고, 삶아서 먹는다. 고온으로 조리를 하는 과정에서 독성분이 분해되기 때문이다. 그러나 이는 인간의 경우일 뿐이다. 그 식물의 잎을 주성분으로 먹는 동물들의 경우 다른 방법을 사용할 수밖에 없다. 소나 말, 양이나 사슴 등 풀과 잎을 주로 먹는 초식동물들은 독의 문제를 세균과의 공생을 통해서 해결한다. 초식동물들의 위에는 다양한 종류의 세균들이 사는데 이들이 독성물질을 분해해서 위험을 줄이는 것이다.

식물이 먹히지 않으려고 독을 만드니 동물은 그 독을 분해할 세균과의 공생을 택하고 다시 그 식물을 먹는다. 그 과정에서 아주 독성을 강하게 하는 식물도 등장한다. 그러나 이런 경우가 많지는 않다. 왜냐하면 독을 만드는 비용이 너무 비싸기 때문이다. 독을 만드는 에너지를 잎을 더 많이 만들고, 먼저 꽃을 피우고, 재빨리 씨앗을 퍼트리는 데 사용하는 경우가 오히려 번식에 유리하면, 굳이 독을 만들지 않는 것이다. 그래서 적당한 타협이 이루어진다. 아주 많이 먹기에는 독성이 무섭지만 조금만 먹으면 크게 해롭지 않은 정도의 독을 넣기도 한다. 식물은 모든 잎이 먹혀서 말라 죽는 지경에는 이르지 않고, 동물도 급할 때 먹기는 하지만, 되도록 적게 먹으려고 노력을 하는 것이다.

식물은 잎을 보호하기 위해 독 이외에도 여러 가지 방법을 쓴다.

가장 대표적인 것이 잎 테두리에 가시를 두르거나 잎 표피를 두껍고 질기게 만드는 일이다.

그런데 잎마다 모두 가시가 있는 건 아니다. 아프리카의 초원 지대에 듬성듬성 서있는 나무들은 아래쪽은 두껍고 질기며, 가시도 나 있는 잎이 난다. 그러나 위쪽의 잎은 가시도 없고 얇으며 보드랍다. 영양이나 사슴처럼 나뭇잎을 먹는 동물들의 입이 닿지 않는 곳에는 별다른 방어 장치를 하지 않는 것이다.

그래서 기린은 특별하다. 흔히들 기린이 높은 곳의 나뭇잎을 먹기 위해 목이 길어졌다고들 생각한다. 맞다. 하지만 여기에는 숨은 이야기가 있다. 낮은 곳에 나뭇잎이 없는 것은 아니다. 영양이나 사슴이 먹는 바로 그 잎들이 있다. 하지만 높은 곳의 잎은 낮은 곳보다 부드럽고 소화시키기도 쉽다. 이는 중생대의 초식공룡도 마찬가지다. 물론 브론토사우루스를 포함한 중생대의 거대 초식 공룡들의 덩치가 이 점만으로 모두 설명되지는 않는다. 덩치를 키운 것에는 천적에 대한 대비라는 다른 이유도 있지만 그럼에도 불구하고 그렇게도 목을 길게 진화시킨 것에는 높은 곳에 있는 연약한 나뭇잎을 먹겠다는 의지가 꽤나 강한 역할을 한 것이다. 목을 길게 하고, 심장을 크게 하고 온갖 어려움을 무릅쓰고 키를 키운 데는 바로 맛있는, 소화하기 쉬운 먹이를 향한 집념이 있는 것이다. 이는 단지 미식을 목적으로 하는 것은 아니다. 소화하기 쉬운 먹이는 소장의 길이를 줄이고, 소화에 드는 에너지와 시간을 절약하게 만든다.

그렇다면 왜 나무들은 높은 곳의 잎까지 가시를 만들지는 않는 것일까? 흔히 말하는 가성비의 문제다. 가시를 만들고, 잎을 두껍게 하는 데는 비용이 든다. 어느 정도는 먹힐 각오를 하는 것이 오히려 모든 잎에 가시를 만드는 것보단 싸게 먹힌다는 것이다. 만약 모든 초식동물들이 기린처럼 키가 크다면 나무들도 당연히 모든 잎에 가시를 달겠지만 말이다. 모든 식물들이 잎에 독성물질을 가지고 있지 않는 이유와 마찬가지다. 독을 만드는 데 에너지가 들듯, 두꺼운 잎도, 가시도 모두 비용을 지불하게 되는 것이다.

그러나 나뭇잎을 먹는 포유류가 줄어들면 나무들은 슬며시 잎의 가시를 없애거나 줄인다. 독성물질도 감소한다. 반대로 초식동물이 늘어나면 잎들은 다시 억세어지고 가시가 돋기 시작한다. 비용 대비 효과의 문제는 진화에서도 결정적인 역할을 하는 셈이다.

이 문제를 해결하는 방법으로 공생을 택하기도 한다. 아프리카의 아카시아나무는 개미와 공생을 한다. 아카시아나무는 개미들이 살아갈 수 있도록 나무 내부에 빈 공간을 만들고, 가지 중간에 개미들이 먹을 수 있도록 수액을 새어나오게 한다. 개미들은 나무 하나에 수천 수만 마리가 집단을 이루고 산다. 그리고 기꺼이 경호원 역할을 한다. 아카시아나무의 잎을 먹으러 오는 다른 곤충뿐만 아니라 초식동물들에게도 공격을 가한다. 누구도 예외가 없다. 이들이 얼마나 억세고 사나운지 일단 개미들이 둥지를 틀면 대부분의 곤충과 동물은 접근하길 꺼린다. 그리하여 아카시아 나무는 소중한 잎을 지킨다. 개미들에

➡ 아카시아나무와 개미

게 지불하는 대가보다 얻는 이익이 더 크니 나무의 입장에서도 즐거운 일이다.

식물의 잎을 주된 먹이로 삼는 생물로는 곤충의 애벌레도 대표적이다. 많은 곤충들이 먹이식물을 정해놓고 거기에만 알을 낳는다. 알에서 깨어난 애벌레는 먹이식물의 잎을 먹으며 성장한다. 따라서 식물들은 이들에게 효과가 있는 독성물질도 잎에 모아놓는다. 그러나 초식동물과 마찬가지로 애벌레들도 그 독성물질을 분해하는 세균을 자신들의 내장에 키운다. 그래서 먹이식물도 정해놓는다. 괜히 다른 식물에 알을 잘못 낳아서 해독기능을 가지지 않은 독초를 먹을 수는 없는 노릇이다. 이런 애벌레들은 가끔 잎의 독성물질을 모아 자신을 보호하기도 한다. 이런 애벌레들은 화려하다. 자기가 독을 가지고 있다는 걸 천적에게 알리는 것이다. 산호랑나비의 애벌레가 대표적이다. 이 녀석들은 풀에 있는 독을 저장해둔다. 먹으려 입안에 넣으면 그 고약한 맛에 저절로 내뱉게 되는 것이다. 그리고 오렌지색 돌기를 통해 고약한 냄새를 풍겨 자신이 독을 가지고 있음을 알리기도 한다. 자신을 죽이기 위해 식물이 만든 독을 애벌레는 자신을 살리기 위해 이용한다.

그래서 식물은 애벌레의 천적을 이용하기도 한다. 또 다른 종류의 이이제이다. 애벌레가 잎을 갉아먹으면 잎의 속살이 공기 중에 노출이 된다. 이곳에는 다양한 유기물질이 있는데 그중 일부가 휘발이 된다. 이런 유기물질을 휘발성 유기물질Volatle Organic Compouncl, VOC라고 한다. 휘발된 유기물질은 대기 중으로 퍼지고, 그 냄새를 맡고 애벌레의 천적들이 찾아온다. 포식성 진드기나 기생벌, 그리고 새들까지도 이 냄새에 끌려오는 것이다. 우리도 이런 냄새를 맡을 수 있다. 봄이나 가을 산을 오르다보면 산소 주변에서 예초기를 돌리는 걸 볼 수 있다. 이때 나는 특유의 냄새가 바로 그것이다. 식물이 '나 아파'라고 외치는 것이자 여기 날 먹는 놈이 있다고 애벌레의 천적에게 알리는 냄새다. 실제로 예초기를 돌리다보면 벌이 꼬이는 경우가 많은데 이유가 다 있는 법이다.

식물의 뿌리에 공생하는 균들도 이런 식물의 신호를 전달한다. 애벌레는 아니지만 마찬가지로 골칫덩이인 진딧물이 나무 한 그루에 정착해서 수액을 빨기 시작하면, 해당 식물은 신호물질을 분비한다. 이 물질을 균사가 지하 네트워크를 통해 이웃의 식물에게 전달하는 것이다. 신호를 받은 이웃 식물은 서둘러 진드기에 대항하는 화학물질을 분비해서 진딧물에 대한 방어를 시작한다. 균사의 입장에선 자신과 이익을 나누는 식물의 경고를 주변 이웃에게 전달하는 것이 자신에게도 유리하니 마다할 일이 아니다.

애벌레에 대한 식물의 대응은 여기서 멈추지 않는다. 애벌레는 워낙 굼뜨기 때문에 노리는 동물도 많다. 새, 벌, 사마귀 등 온통 주변이 적이다. 그래서 잎과 비슷한 위장색을 쓰고, 형태도 잎맥처럼 보이게 위장을 해서 자신을 숨긴다. 그런데 식물이 이를 방해하는 것이다. 애벌레의 공격을 받는 나무는 잎의 엽록소 농도를 줄여 빛이 잎을 잘 통과하도록 만든다. 그래서 잎 뒷면에 숨어있는 애벌레의 윤곽이 드러나도록 한다. 또 엽록소 외에 가지고 있는 색소들의 비율을 조절해서 잎의 색이 애벌레와 다르게 만들어 버린다. 기껏 잎 색에 맞춰 표피의 색깔을 진화시킨 애벌레로선 허탈하기 짝이 없는 노릇이다. 핀란드의 생태학자들이 애벌레를 자작나무 위에 올려놓고 실험을 했더니 실제 자작나무의 잎 색이 바뀌더란 것이다.

햇빛으로 광합성을 하며 유유자적 사는 것 같은 식물도 사실은 천적과의 싸움에 눈코 뜰 새가 없다.

식물들 초원으로
나서다

초원은 나무가 별로 자라지 않는 곳이다. 이유는 여러 가지 있겠지만 핵심적으로는 비가 많이 내리지 않기 때문이다. 물은 이산화탄소와 함께 광합성에 필수적인 재료다. 이산화탄소야 공기 중에 있다지만 물은 땅에서 끌어다 써야 하는데 비가 적게 내리면 땅 속의 수분량도 적게 마련이다. 나무는 동일한 면적에서 풀보다 훨씬 많은 탄수화물 생산량을 요구하고, 그 요구는 많은 광합성량을, 그리고 많은 물을 요구한다. 따라서 비가 적게 내리는 곳에서 나무는 별로 좋은 선택이 아니다. 이런 곳에서는 풀이 자란다. 풀은 1년짜리 비정규직이다. 1년도 안 되는 경우도 많다. 싹이 터서 혹은 겨우내 버티던 뿌리에서 줄기가 올라와서 줄기를 만들기도 전에 잎을 먼저 내고 서둘러 꽃을 피운다. 재빨리 수정을 하곤 씨를 만들고 열매를 만든다. 씨가 바람에 흩날리고 열매가 초원의 설치류나 새들에게 먹히고 나면 이들의 한 해 일은 끝이다.

하지만 이런 풀들은 사실 신생대 초 혹은 중생대 말에 나타나기 시작했다. 풀은 모두 속씨식물들이다. 즉 중생대 초기까지는 당연히 존재하지 않던 생물이다. 지금이야 흔하디 흔한 것이 풀이지만 말이다. 이들은 건조하고 겨울이 있는 곳에서 살기 위해 진화한 존재다. 추운 겨울에는 광합성이 잘 되지 않는다. 햇빛의 양이 적은 것도 문제지만 땅의 물이 얼어버리면 뿌리로 흡수를 할 수가 없다. 더구나 광합성에 관여하는 효소들도 온도가 떨어지면 제대로 활동을 하지 못한다. 따라서 추운 지방에서는 꽤 오랜 시간을 광합성을 하지 않은 채 미리 저장해놓은 양분으로 버텨야 한다. 그러나 추운데 건조하기까지 하면 문제가 더 심각해진다. 봄에서 가을까지 열심히 광합성을 해서 저장해놓아야 하는데 흡수할 수 있는 물의 양마저 적다면 저장을 해놓을 도리가 없다.

그래서 처음에는 식물들은 이런 조건의 땅에선 따로 뿌리를 내릴 생각을 하지 않았다. 하지만 좋은 곳은 다른 식물들이 다 차지해버리고 이제 남은 곳은 이렇게 춥고 건조한 곳 뿐이니 이쪽으로 눈길을 돌리는 녀석들도 있게 된다. 이들은 나무라는 조건을 포기해버린다. 물론 의식적으로 포기한 것은 아니다. 이들은 처음 싹이 트고 목

➡ 내몽골의 초원

질부가 제대로 생성되기 전의 상태를 그저 유지할 뿐인 것이다. 그리고 최대한 빠르게 조건이 좋을 때 꽃을 피우고 번식을 한다. 그리고 번식이 끝나면 시들어버리는 것이다. 즉 겨울을 '살지 않는 방향'으로 진화가 이루어졌다. 어느 미국 드라마에선 항상 '겨울이 오고 있다'라고 하지만 이들은 겨울을 기다리지 않는다. 겨울이 오기 전에 번식을 하고는 시들어 버린다. 물론 땅 아래 뿌리는 남겨두는 경우가 많다. 그래서 다음 해 봄이 오면 다시 뿌리로부터 줄기와 잎을 내고 번식하기를 반복하는 것이다. 초원에선 그래서 겨울은 말 그대로 죽음의 계절이다.

고생대와 중생대를 지나며 지상의 곳곳에 식물들이 자리를 잡았지만 일 년 중 일정한 시기를 물이 어는 영하의 날씨에 버텨야 하고, 강수량마저 적은 곳은 신생대가 되어서야 비로소 생태계에 포함될 수 있게 된 것이다. 고산지역도 마찬가지다. 상시적으로 온도가 낮고 강수량이 적은 고산이나 고원지대에서도 이제 푸른 생명이 들판 전체로 퍼져나가게 되었다. 그리고 다시 아열대와 열대의 건조지역으로 풀들이 전개해 들어간다.

이렇게 초원에 풀들이 자랄 수 있게 된 것에는 균들의 역할이 컸다. 물이 적은 토양에서 최대한 많은 물을 흡수하려면 뿌리만 가지곤 되지 않는다. 뿌리를 아무리 깊고 넓게 가져가려고 해도 뿌리를 만들 재료가 없다. 그조차도 광합성을 통해서 만들어야 하는데 풀이라는 것 자체가 광합성을 할 면적이 나무에 비해 몇십분의 일 뿐이니 뿌리 확장에 한계가 있다. 균은 바로 이 뿌리털의 끝부분에서 이어져 뿌리가 갈 수 없는 깊고 넓은 곳으로 뻗어나간다. 균들의 균사는 뿌리보다 훨씬 가늘어서 더 적은 비용을 들이고도 더 넓게 퍼질 수 있다. 이들이 초원의 지하에 거대한 네트워크를 건설하면서 풀과의 공생을 이룬 것이다. 나무의 경우도 균과의 공생은 중요하지만 상대적으로 건조한 지역에서 생존해야 하는 풀들의 경우에는 더욱 중요해진다. 그래서 어떤 학자들은 초원의 주인은 풀이 아니라 균들이라고 주장하기도 한다. 균은 지하에서 거대한 네트워크를 이루며 하나의 거대한 생명체로 전체 생태계를 떠받치고 있다. 이들이 단지 식물의 뿌리에 물을 대주는 보조 역할만 하는 것은 아니다. 식물들이 잎에서 광합성을 통해 만든 영양분의 절반 이상이 이들에게 공급된다. 이들은 식물에게서 공급받은 영양분을 서로 나누며 흙속으로 뻗어나간다. 그리고 그 과정에서 끊임없이 흙을 만들어낸다. 말 그대로 만든다.

우리가 음식물을 소화하는 과정과 한번 비교해보자. 입으로 들어간 음식물은 이빨에 의해서 잘리고 썰리며 으깨진다. 하지만 이것은 단지 본격적인 소화를 위한 준비단계일 뿐이다. 본격적인 소화는 효소에 의해 일어난다. 이들이 고분자 화합물인 녹말과 단백질, 그리고 지방을 포도당과 아미노산, 그리고 지방산과 글리세롤이라는 작은 분자로 나눈다. 이 과정은 지극히 화학적이다. 흙이 만들어지는 과정도 그러하다. 낮과 밤, 겨울과 여름의 온도차에 의해서 바위와 돌덩이에 균열이 생기고, 물이 얼고 녹으면서 암석을 깬다. 바람에 의해 서로 부딪치며 깨지기도 한다. 하지만 그 뿐이다. 이들이 흙을 이루는 입자가 되기 위해선 화학적 변화가 일어나야 한다. 물에 잠기면 물에 녹는 물질들이 바위와 모래에서 빠져나온다. 그런데 물에 이산화탄소가 섞이면 이 과정이 더 빨라진다. 이산화탄소가 물에 녹아 탄산이 되면서 화학반응이 더 잘 일어나도록 만든다. 그리고 균사와 뿌리털은 이렇게 물에 녹은 무기염류를 흡수해버림으로써 이 과정을 촉진시킨다. 조금씩 만들어진 흙은 그냥 놔두면 바람에 날려가 버리지만 식물의 뿌리와 균사로 얼기설기 얽히면 고정이 된다. 그리고 흙이 고정되면 그 미세한 입자 사이에 다시 물이 스며들어 분해되기 좋은 환경을 만든다. 균사와 뿌리털의 일부는 괴사하거나 떨어져 나가선 분해된다. 이들이 분해되는 과정에서 유기물들이 흙에 첨가가 된다. 이렇게 흙은 균사와 뿌리에 의해 조금씩 만들어진다.

그리고 이 풀들과 함께할 동물들이 온다. 본격적으로 떼를 지어 다니는 대형 초식동물이다. 영화나 다큐멘터리에서 자주 봤을 것이다. 드넓은 초원에 떼를 지어 한가로이 풀을 뜯고 있는 소떼들 혹은 영양들, 야생마들. 이들은 바로 초원이 생기면서 등장했다. 왜 이들은 덩치를 키웠을까? 가장 중요한 이유 중 하나는 먹이에 있다. 풀은 나뭇잎에 비해 더 억세고 소화시키기가 어렵다. 그래서 위를 여러 개 만들어 그 안에 풀들을 넣어놓고는 되새김질을 한다. 위 안에는 세균들이 억센 풀의 세포벽을 분해하는데 그 또한 시간이 걸린다. 따라서 커다란 위를 여러 개 가지고 있어야 한다. 소가 대표적이다. 그리고 이렇게 내장기관이 커지니 몸집도 커진다. 더구나 초원은 누구에게나 활짝 열린 공간이 아닌가? 천적들이 수시로 와서는 노리고 있다. 그래서 이들은 몸집을 키워 천적들로 하여금 쉽사리 도발하지 못하도록 한다. 그 뿐이 아니다. 혼자서는 아무리 몸집이 커도 사자나 늑대를 상대하기 어려우니 떼를 지어 생활하게 되었다.

또 다른 진화도 이어진다. 앞서 풀들이 겨울이 되면 모두 죽어버린다고 했다. 풀이야 그렇다 치고, 동물들은 그럴 수 없다. 크기가 작은 초식동물이나 설치류들은 굴속에서 겨울잠을 잘 수 있지만, 그리고 실제로 그렇게 하지만 이들은 덩치 때문에라도 겨울잠을 잘 수 없다. 그리고 설혹 그런 둥지를 마련할 수 있다고 해도, 이들이 먹는 팍팍한 먹이는 겨울 동안 굶고 지낼 만큼의 영양을 축적하지 못한다. 아프리카의 초원도 그렇다. 겨울은 없지만 대신 건기가 있다. 그러지 않아도 건조해서 풀들만 자라는데 거기에 건기가 되면 풀들은 누렇게 뜬다. 유일한 먹이가 없어진 초식동물들은 싱그러운 풀이 있는 곳을 찾아 옮길 수밖에 없다. 그래서 이들은 먹이를 찾아 끊임없이 초지를 돌아다녀야 한다. 툰트라의 순록 떼에서부터 아프리카 평원의 누^{gnu}에 이르기까지 모두 그러하다. 사방이 뚫린 초원에서 풀을 찾아 끊임없이 움직여야 한다면 혼자는 너무 위험하다. 아무리 덩치가 커도 떼를 지어 공격하는 포식자를 피할 수 없다. 그래서 초식동물들은 초원에서 거대한 떼를 이루어 이동을 한다.

그리고 초원의 특수한 상황은 서로 다른 초식동물들 사이의 공

➡ 흰꼬리 누

모든 진화는 공진화다

생관계를 만들어낸다. 초식동물들은 서로 경쟁 관계다. 한정된 풀을 놓고 다툰다. 그러나 초원에서는 사정이 다르다. 코끼리와 누와 영양이 같이 모여서 풀을 뜯고 포식자를 같이 경계한다. 초원이라는 뻥 뚫린 공간이 이들에게 종을 뛰어 넘는 공동체의 삶을 선사한 것이다.

그리고 이들 대형 초식동물을 무리를 지어 사냥하는 육식동물들이 등장한다. 나무들이 우거진 숲에선 초식동물도 떼를 짓지 못하고, 이들을 사냥하는 육식 동물도 떼를 짓지 않는다. 같은 종의 경쟁자를 굳이 만들 이유가 없다. 덩치가 큰 녀석들도 별로 없다. 하지만 초원에서는 다르다. 거대한 몸집의 초식동물들이 떼를 지어 천적들을 경계하고, 때로는 위협을 한다. 이들을 사냥하려면 도저히 혼자서는 감당할 수 없다. 그래서 초원은 떼를 지어 사냥하는 대형 육식동물이라는 새로운 역할을 만들어낸다. 사자와 하이에나 늑대의 무리는 이렇게 진화하게 되었다. 무리를 짓고, 사냥의 전략을 짠다. 초식동물들에게 다가갈 때도 진형을 만들어 다가가고, 노쇠하거나 어린 먹이를 골라 집중적으로 공략을 한다. 이를 위해선 당연히 서로간의 소통이 필요하다. 이들은 숲에 사는 자신의 친척들보다 훨씬 더 많이 소통을 한다. 이 육식동물 무리들은 어려서부터 같이 놀며 서열을 정하고, 사냥감을 모는 놀이 겸 훈련을 하고, 그 과정에서 커뮤니케이션의 방법을 익힌다.

초원은 또한 흙이 깊지 않은 곳에 생긴다. 흙이 깊지 않은 곳에선 식물이 뽑아 쓸 수 있는 무기염류의 양이 제한적이다. 비가 많이 와도 이런 곳에선 나무가 자라기 힘들다. 그래서 산불이 나거나 화산이 분화한 뒤 용암이 휩쓴 곳은 강수량이 많아도 처음에는 나무가 자라지 못한다. 일단 풀들이 자라면서 흙을 깊게 만들어야 한다. 흙의 깊이가 일정한 수준에 도달하면 먼저 키가 작은 관목[9]들이 자라기 시작하고, 깊이가 더욱 깊어지면 비로소 교목이 자란다. 이렇게 초원에서 숲이 되는 과정에서 자연스럽게 그곳에 사는 동물들도 바뀌게 된다. 떼를 지어 다니던 초식동물들은 홀로 숲 속을 다니는 작은 초식동물로 교체가 되고, 육식동물도 숲 속 은밀한 곳에서 먹이를 기다리는 단독 사냥꾼으로 바뀐다. 또다시 먹이가 사냥꾼을 결정하는 것이다.

---

9 관목은 키가 작은 나무로 나무의 밑동에서부터 줄기가 하나가 아니라 여러 개가 나온다. 끝까지 자라도 대략 5미터 남짓 이상 되지 않는다. 이에 대해 교목은 밑동에서 줄기가 하나로 나오는 나무로 관목에 비해 훨씬 더 높이 자랄 수 있다. 높이에 따라 소교목과 교목으로 구분한다.

나무, 작은 지구

나무는 포식자로부터 도망친 작은 동물들의 피난처다. 그리고 도망친 먹이를 찾으러 쫓아온 작은 사냥꾼들이 사는 곳이기도 하다. 나무 하나에 모든 걸 걸고 사는 곤충들도 있다. 매미는 나무에 알을 낳고 그 알에서 부화한 애벌레는 땅에 떨어져 그 나무의 뿌리에 기대어 살며, 다시 성충이 된 매미는 그 나무 그늘에 숨어 나무의 수액을 먹으며 짝을 찾는 노래를 부른다. 새와 날벌레들이 잠시 숨을 고르고, 애벌레들은 잎 사이를 헤맨다. 지의류는 나무껍질을 보금자리로 삼고 나무의 목질부에 숨은 애벌레들도 있다. 그 애벌레를 먹으러 나무를 쪼는 딱따구리가 있고, 딱따구리 둥지의 알을 노리는 뱀도 있다.

나무 하나를 중심으로 이 모든 생물들은 쫓고 쫓기며, 또 경쟁하고 회피하며 서로의 진화를 이끈다.

많은 새들은 자신의 둥지를 나무에 짓는다. 하늘을 나는 동안에 새들에게 있어 천적은 같은 하늘을 나는 맹금류일 뿐이다. 그러나 항상 하늘에서만 살 수는 없다. 더구나 알은 어찌되었건 지상에 낳아야 한다. 그래서 많은 바다새들이 천적이 없는 외딴 섬이나 절벽에 둥지를 튼다. 그러나 모든 새들이 바다에 사는 것도 아니니 다른 대안이 필요하다. 그래서 나무 위에 둥지를 튼다. 그것도 최대한 높은 가지 끝, 천적들이 다가오기 힘든 곳에 짓는다.

그리고 당연히 그 곳까지도 올라가려는 동물들이 있다. 새의 알을 먹이로 하여 나무를 오르는 대표적인 동물이 뱀이다. 물론 뱀만은 아니다. 나무를 기어오를 수 있는 동물은 모두 알의 적이다. 그리고 지켜야할 것으로 알 뿐만 아니라 알에서 부화한 새끼도 있다. 그래서 새들은 일부일처다. 한 마리가 먹이를 찾으러 나서면 나머지 한 마리는 둥지를 지켜야 한다. 동물의 세계에서 일부일처는 보기 드물다. 새끼를 키우는 데 많은 노력을 들여야 하는 암컷에 비해 수컷은 정자만 제공하면 되므로 되도록 많은 암컷에게 자신의 정자를 제공하기 위해 노력하고, 그 결과로 많은 경우가 일부다처제 혹은 다부다처제다. 포유류는 일부일처제인 동물이 오히려 드물다.

하지만 조류의 경우는 90% 이상이 일부일처제다. 어린 포유류는 태어나자마자 어미를 쫓아다닐 수 있고 어미 젖을 먹고 산다. 하지만

➡ 세쿼이아 나무

어린 새는 어미를 쫓아 날 수 없고 또 스스로 먹이를 구할 수도 없다.
이런 새끼를 지키고 또 먹이를 구해오기 위해선 최소한 두 마리가 필
요하다. 새들만의 특징이다. 그러나 덩치가 작은 새들은 홀로 새끼를
지키기에 너무나 약하다. 그래서 둥지는 땅 위가 아닌 나무 위에 짓

게 된다. 그리하여도 기어이 올라오는 구렁이가 있고, 원숭이가 있고, 오랑우탄이 있다. 족제비, 너구리, 오소리, 담비도 심지어 곰도 새알을 먹기 위해 기꺼이 나무를 탄다. 그래서 나무 위에서도 가장 높은 곳을 골라 둥지를 짓는 것이다. 그나마 그래야 올라오는 놈들이 적다.

또 둥지 주위를 가지와 잎으로 가려 위장을 한다. 그래서 천적들이 나무 밑에서 보면 가지와 잎에 가려 둥지가 있는지 없는지 알아차리기 힘들다. 높은 곳에 지은 둥지는 먹이를 먹으려 오르는 쪽에서도 힘들다. 그래서 확실하게 둥지가 있다는 확신이 들기 전에는 오를 엄두를 못 낸다. 위장과 높은 둥지는 둘이 합쳐서 둥지가 천적에 의해 털리는 것을 높은 확률로 막아준다.

다람쥐나 청설모 같은 작은 녀석들은 그래도 둥지를 노리지만 새들 입장에서도 이들은 충분히 막을 만 하다. 새들 입장에서는 어미가 상대하기 힘들 정도로 큰 천적들만 막을 수 있는 장소면 되는 것이다.

곤충도 알을 낳는다. 그들이 알을 가장 많이 낳는 곳은 잎의 뒷면이다. 알에서 태어난 애벌레는 그 나뭇잎을 먹이로 살아간다. 이들은 나뭇잎과 비슷한 색을 띠고 모양도 나뭇가지나 잎사귀 모양을 취한다. 일부는 잎맥처럼 보이기도 한다. 위장이 이들이 포식자를 피하기 위한 가장 중요한 전략인 셈이다.

많은 곤충이 애벌레에서 성충이 될 때 번데기라는 성장 단계를 거친다. 애벌레일 때 몸은 여러 개의 체절로 이루어져 있고, 눈도 홑눈뿐이다. 다리도 여러 개이고 날개도 없다. 그러나 성충은 머리, 가슴, 배의 구조를 가지고 배에는 다리나 날개가 없다. 오직 가슴에만 여섯 개의 다리와 두 쌍의 날개를 가진다. 눈도 겹눈이 두 개이고 그 외에도 홑눈도 있다. 이런 몸의 변화가 일어나는 것이 번데기 과정이다. 이 과정 또한 나무에서 해결한다. 혹은 가지 끝에 작은 가지처럼 보이게 매달리고, 또는 나뭇잎을 둥글게 말아서 그 안에 고치를 만들기도 한다. 날개가 돋기까지 이들은 자신이 기대어 사는 나무에 최대한 비슷한 모습으로 위장하며 하루하루 천적과의 보이지 않는 전쟁을 벌이는 것이다.

애벌레와 번데기의 시기를 침묵 속에 지내던 곤충은 그러나 성충이 되면 완전히 달라진다. 성충이 되었다는 것은 대부분의 곤충에겐 살아갈 날이 얼마 남지 않았다는 뜻이다. 마지막으로 짝짓기만 제대로 하면 더 이상 바랄 것이 없다. 이들은 포식자가 두려운 것이 아니라 짝짓기를 하지 못하는 것이 두렵다. 그래서 이들은 화려한 날개로 유혹하고, 페로몬을 뿌리고, 노래를 부른다. 여름에서 초가을까지가 절정이다. 동네 나무란 나무는 모두 매미들이 우는 소리로 우렁차다. 곤충에게 나무는 알에서 애벌레, 그리고 성충이 되어 다시 알을 낳기까지 한살이를 하는 곳이다.

가을이 되면 나뭇잎이 떨어진다. 떨어진 나뭇잎은 세균과 곰팡이의 좋은 안식처다. 이들은 나뭇잎을 분해하며 삶을 산다. 하지만 식물의 세포벽은 쉽사리 분해되지 않고 긴 시간을 필요로 한다. 보통 1년은 기본이고 2년에서 3년을 가기도 한다. 분해되는 시간은 길고 낙엽은 매년 쌓이니 그 층은 점점 두터워진다. 그 아래에는 빛을 싫어하는 생물들이 모인다. 지의류도 살고, 곰팡이도 살고, 버섯도 산다. 그런데 어떤 나무냐에 따라 이들 생물들의 종이 달라진다. 송이버섯이 소나무 아래에서만 나는 것도 그 이유다. 나무마다 조금씩 다른 성분과 재질을 지닌 잎을 떨구니 거기에 걸맞게끔 진화가 된 것이다. 그래서 나무 하나는 수십 종의 다른 생물을 진화시킨다. 물론 이들만 낙엽층 아래 사는 것은 아니다. 지네도 쥐며느리도 그곳에 산다. 이들은 빛을 싫어한다. 그리고 수분을 좋아한다. 이들이 살기에는 낙엽 아래가 딱이다.

가끔은 가지도 부러지거나 시들어 떨어진다. 가지는 잎보다도 훨씬 더 분해가 어렵다. 목질부를 구성하는 리그닌lignin은 일반적인 세포벽 성분인 셀룰로오즈보다도 더 분해가 어렵기 때문이다. 그래서 이런 가지는 2~3년이 아니라 십 년, 이십 년에 걸쳐서 분해가 된다. 그동안 이 가지들은 지의류의 좋은 보금자리가 되고, 목질 안쪽을 먹고 사는 애벌레들과 나무좀과 세균들의 안식처가 되기도 한다. 이런 가지에서만 자라는 버섯들도 있다.

나무 속에도 생명들은 존재한다. 나무로서는 많이 성가시고, 위협적이기까지 하다. 나무좀이다. 이들은 그 억세다는 나무의 목질부를 파고 들어가 그 안에서 산다. 이런 나무좀은 한 종류가 아니다. 우리나라에 존재하는 것만 개나무좀, 소나무좀, 감나무좀, 통나무좀, 오

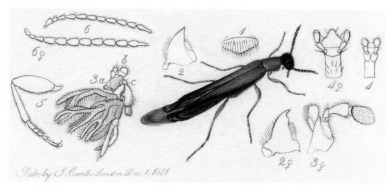

➡ 통나무좀

리나무좀, 사과둥근나무좀, 암브로시아나무좀 등 다양하다. 그런데
이들은 같은 종이거나 같은 속이 아니다. 심지어 같은 과도 아니고
우리가 아는 옷장에 숨어사는 좀^{Thysanura}목에 속하지도 않는 딱정벌
레목에 속하는 곤충들이 대부분이다. 그저 나무 속을 파고 사는 비슷
해 보이는 벌레들을 모두 좀이라고 예전부터 칭했고, 그 이름이 굳어
진 것이다. 그러나 이름이 그리 붙은 것에는 이들이 모두 비슷한 환
경에 살면서 수렴진화를 한 까닭도 있다. 애초의 근원은 달랐으나 나
무 내부에서 살다보니 닮아버린 것이다. 그럼에도 이렇게 다양한 종
류가 있는 것은 이들이 선호하는 나무들이 서로 다른 까닭이다. 애초
에 천적을 피해 나무 속으로 들어가기는 우연히 비슷했지만, 들어간
나무의 종류가 다르다 보니 이후에도 비슷한 종류의 나무에만 서식
하게 된 것이다.

　　이렇듯 다른 종의 나무는 각기 하나의 생태계를 이룬다. 소나무

는 소나무대로, 떡갈나무는 떡갈나무대로 자신을 중심으로 뿌리에서 잎까지, 세균부터 초식동물에 이르기까지 서로 공진화하며 만들어낸 독특한 생태계를 이룬다. 그리고 이런 나무들이 모여 숲을 만들며 더 큰 생태계의 일부가 되는 것이다.

04
다른 생명에 터를 잡다

사람아 사람아 | 모든 맹렬한 싸움은 끝났지만

최후로 이길 수 있는 싸움이 | 남아 있다.

아아! 그것은 죽는 일인데 | 죽어서 다시 깨어나는 일인데

아아! 그것은 씨앗을 뿌리는 일인데 | 우리들은 아직 혼을 찾지 못했는데

"내가 뿌리는 씨앗은", 조태일

인간의 몸은 인간의 것만은 아니다. 소장에는 소장에 사는 세균이 있고, 대장에는 대장에 사는 세균이 있다. 눈썹에는 모낭충이 살고, 입 안에는 충치를 일으키는 세균부터 그 세균과 경쟁하는 세균 등 온갖 생물들이 산다. 일부는 기생이고 일부는 편리공생Commensalism(둘 중 하나가 이익을 얻고 다른 하나는 영향을 받지 않는 공생)이며, 많이는 상리공생 Mutualism(서로 다른 종이 서로 상호 작용을 통해 이익을 주고 받는 공생)이다. 사람만 그런 것은 아니다. 우리가 흔히 보는 모든 생물들 — 개, 고양이, 비둘기 하다못해 소나무, 은행나무, 고사리, 민들레, 잔디, 개미, 지네, 바퀴벌레에 이르기까지 크기와 종류를 불문하고 모든 생물에겐 그 몸을 집으로 삼는 더 작은 수많은 생물이 있다. 다른 이의 몸을 집 삼아 사는 이들이 세균만도 아니다. 가장 작게는 세균이지만 원생생물들도 있고, 선형동물도 있고 절지동물도 있다. 이렇게 다른 생물의 몸에 터를 잡고 사는 생물들은 그 터가 되는 생물보다 훨씬 더 많은 종과 개체수를 자랑한다.

일부는 위나 장에 살면서 숙주가 소화하지 못하는 먹이를 분해해서 숙주와 나누기도 한다. 또 일부는 반대로 숙주가 기껏 소화시킨 먹이를 날로 먹으며 번식에만 힘쓰기도 한다. 간이나 장막, 뇌에 기생하는 생물들은 숙주의 생명을 위협하기도 하고, 모낭에 사는 친구들은 그들끼리 짝을 짓고 새끼를 낳고, 그 새끼가 다시 새끼를 낳는 동안 숙주가 그들의 존재 자체를 모르게 한다.

　이런 수많은 생명들은 숙주와 자신 사이의 특별한 관계를 맺고 진화해왔다. 기생체는 숙주의 면역시스템을 회피하도록 진화하고, 숙주는 기생체를 박멸하도록 진화한다. 공생을 하는 이들도 서로에 맞추어 진화한다. 숙주가 먹는 양식의 종류에 따라 위나 장에 사는 이들의 분포가 바뀌고, 또 장에 누가 사는가에 따라 숙주의 먹이가 정해지기도 한다.

　이처럼 다른 생물에 터를 잡고 사는 생물들의 속사정을 들어보고, 그들과 숙주가 함께 변화해온 공진화의 과정도 더듬어보자.

소는 초식동물이
아니다

동물은 두 가지 방법으로 먹이를 섭취한다. 먼저 우리에게 친숙한 방법으로 먹이를 집어 삼켜 내부에서 소화시키는 경우가 첫 번째다. 이와 반대로 소화액을 먹이의 내부에 주입해서 소화시킨 뒤 그 즙만 빨아먹는 경우가 두 번째다. 우리 인간은 먹이를 일단 삼키고 우리 몸 내부의 위나 장에서 소화를 시킨다. 포유류나 조류, 파충류와 같은 척추동물의 경우도 인간과 다를 바가 없다. 그래서 소화라고 하면 이런 방법만 있다고 생각한다. 그러나 동물의 세계를 찬찬히 살펴보면 소화액을 주입해서 소화를 시킨 뒤 그 즙을 먹는 방식을 선호하는 경우도 꽤 많이 볼 수 있다. 이런 방식은 주로 몸집이 작은 동물들에게서 볼 수 있다. 거미가 대표적인 동물이다. 이들은 거미줄에 붙잡힌 먹이의 내부에 소화액을 흘려 넣은 뒤 천천히 그 내부의 즙을 빨아먹는다. 또 단세포생물들의 경우도 이런 소화방식을 채택하는 경우가 많다. 그러나 풀이나 나뭇잎을 먹는 초식동물들은 그 크기에 관계없이 모두 체내 소화를 한다. 이유는 간단하다. 이들은 스스로 식물을 소화할 수 없기 때문이다. 이들은 모두 자신의 체내에 식물의 소화를 담당하는 다른 생물들을 가지고 있다.

식물의 세포벽은 소화시키기 굉장히 까다롭다. 세포벽을 이루는 주성분은 셀룰로오즈인데 포도당을 기본단위로 해서 만들어진 고분자화합물이다. 물론 우리가 먹는 녹말도 포도당으로 만들어졌다는 점에선 비슷하다. 그러나 구성하는 포도당의 종류가 달라서 이들의 결합력도 차이가 난다. 알파 포도당으로 만들어진 녹말은 비교적 분해가 쉬운데 베타 포도당으로 만들어진 셀룰로오즈는 그에 비해 대단히 까다롭다. 실험실에서 분해를 하려면 1,000도 이상의 온도로 가열을 해줘야 한다. 그리고 이렇게 어렵기 때문에 동물 중에는 이를 분해하는 소화효소를 가진 종이 아예 없다.

동물의 경우 식물이 육상에 상륙한 다음에야 올라왔고, 그때는 이미 셀룰로오즈를 분해하는 세균들이 먼저 지상에 있었기 때문에 이런 세균들과 공생하는 편이 훨씬 더 편했을 것이다.

시작은 이런 세균들이 땅에 떨어진 식물의 나뭇잎이나 풀을 분해한 것을 주워 먹는 것이었을 수도 있다. 멀쩡하게 붙어있는 나뭇잎이나 풀은 아예 소화가 되지 않으니 땅에 떨어진 뒤 이들에 의해 반쯤 분해된 걸 먹는 편을 선호했을 것이다. 혹은 곰팡이 중 일부가 전염병처럼 식물의 풀이나 잎에 번졌을 때 그걸 먹었을 수도 있다. 어떠한 형태든지 처음 육지에 올라온 동물들 중 일부는 식물의 질기고 튼튼한 세포벽을 홀로 소화시킬 순 없었을 터이니 이렇게 반쯤 삭은 것을 먹었다.

마치 우리가 소화 기능이 약해졌을 때 죽을 먹는 것이나 마찬가지다. 죽은 고온에서 오래 조리되어 녹말이 꽤나 많이 분해된 상태라서 장의 소화기능이 약해도 충분히 흡수가 가능하다. 그보다 더 소화 기능이 약화되면 미음을 먹는다. 미음은 거의 액체상태가 된 죽이라 볼 수 있다. 이 경우에는 죽보다 훨씬 더 많이 분해가 되어 녹말 분해 효소인 아밀로오스가 거의 필요 없어진 상태다.

어찌되었건 이렇게 세균이 삭힌 것이나 곰팡이가 삭힌 것을 먹다 보면 당연히 세균과 곰팡이를 같이 먹을 수밖에 없다. 그리고 그 중 일부가 어떤 이유에선지 소화가 되지 않고 살아남았다. 충분히 있을 수 있는 일이다. 세균과 곰팡이는 외부 세포벽이 위산에 녹지 않고 버텨주는 경우가 꽤 많은 편이다. 그리하여 동물의 내장기관에 자리 잡은 세균은 미처 삭지 않은 세포벽을 분해하며 계속 생명을 유지한다. 그리고 그들이 다시 분해한 성분은 동물에게 다시 흡수된다. 이들이 위에서 잘 살아남을수록 이 세균들과 곰팡이를 가진 동물은 영양분을 더 많이 흡수할 수 있게 되어 생존에 유리하고, 번식도 잘 할 수 있게 되었다. 시간이 지날수록 이런 이들이 종의 대부분을 차지하면서 현재의 초식동물이 되었다.

초식동물 중 우리가 가장 잘 아는 무리는 반추동물이다. 한 번 삼킨 먹이를 다시 게워내워 씹어서 넘기는 동물들로 모두 소목에 속한다. 낙타와 사슴, 영양, 기린, 노루, 소, 양, 염소 등이 여기에 속한다. 이들 모두는 셀룰로오즈를 분해하는 균과 곰팡이들이 주로 위에 자리 잡고 있다. 이들은 되새김질만 열심히 하는 것이 아니라 트림도 열심히 한다. 세균들이 셀룰로오즈를 분해하는 과정에서 메테인 기체가 발생하기 때문이다.

물론 초식동물들이 이들만 있는 것은 아니다. 코끼리나 코뿔소, 하마, 말 등도 있다. 이들의 경우 세균들이 주로 장에 거주하고 있다. 따라서 되새김질을 할 수 없고 대신 장이 충분히 길다. 이들은 되새김질도 하지 않지만 트림도 반추류 동물들만큼 자주 하지 않는다. 대신 이들은 방구를 자주 뀐다. 이들의 장 속에 있는 세균들도 마찬가지로 셀룰로오즈를 분해하는 과정에서 메테인을 발생시키는데 이를 가까운 항문으로 내놓는 것이다.

그렇다면 소형 초식동물은 어떨까? 대표적인 예로 토끼가 있다. 체구가 작은데다 천적이 많으니 열심히 달려야하는데 장이 길면 불리하다. 장이 길지 못하니 충분히 소화를 시킬 수도 없다. 그래서 이들은 먹은 풀들을 다 소화시키지 못하고 똥으로 배출하게 된다. 그리곤 다시 자기 똥을 먹는다. 똥은 그래도 장을 지나온 터라 그냥의 풀들보다는 더 삭혀져있다. 이를 먹어서 다시 흡수하는 것이다. 인간이 보기에 좋아보이진 않아도 결국 소의 되새김질과 비슷한 것이긴 하다. 토끼 이외의 작은 초식동물들도 이런 식으로 풀을 소화한다.

연구에 따르면 이들 초식동물들이 트림과 방구로 배출하는 메테인 가스는 지구 온난화에도 꽤 큰 영향을 미친다. 메테인은 이산화탄소보다 온실 효과가 더 크고, 공기 중에서 분해되는 과정에서 이산화탄소를 다시 만들기도 한다. 물론 그중 대부분은 인간이 기르는 가축에서 발생한다.

소의 위에 대해서 조금 더 알아보자. 반추류 중 대표적인 동물이 소인데, 이들의 위는 반추위[10], 벌집위, 겹주름위, 주름위의 네 구역으로 나뉜다. 그중 가장 큰 것은 반추위다. 그런데 반추위는 원래

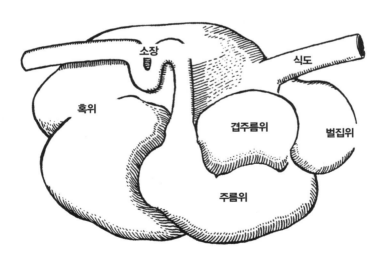

➡ 소의 위

위가 아니었다. 원래는 식도였다. 이 식도가 위로 바뀐 것은 포식자와의 관계 때문이다.

　풀을 뜯어먹기 좋은 곳은 항상 이들을 사냥하려는 포식자들이 지키는 길목이다. 아무리 초식동물들이 집단을 이루며 방어를 한다고 하더라도 위험하다. 그리고 적들이 언제 습격을 할지 모르니 일단 보이는 대로 먹는 것이 습관이 되었을 것이다. 위는 풀들로 채워지고 미처 위로 내려가지 못한 것들은 식도 아래쪽에 쌓였다. 이런 과정이 반복되면서 식도 아래쪽이 부풀어 올라 또 하나의 위처럼 되었다. 그리고 이곳이 세균들이 살기에는 최적의 공간이었다. 위는 원래 음식을 저장하면서 단백질을 주로 소화하는 공간이다. 이를 위해 펩신이라는 효소가 나오는데 이를 활성화시키는 것이 염산이다. 염산은 또 위에 먹이와 함께 들어온 세균을 죽이는 역할도 한다. 당연히 세균들이 위에서 살아남기엔 쉽지 않았을 것이다. 하지만 식도는 원래 소화효소가 분비되는 곳이 아니다. 애초에 용도가 위로 이어지는 통로일 뿐이다. 그러니 세균이 살기에는 더할 나위 없이 좋은 곳이다. 그리고 이곳의 세균들이 셀룰로오즈를 분해하니 세균이 살기에 알맞게 변이된 종들이 생존에 더 유리해졌을 것이다. 그런 진화가 이어져 마침내 반추위가 되었다. 반추위는 세균이 살기에 알맞은 온도와 산성도(pH)를 갖추고 천천히 혼합운동을 하여 세균과 풀을 섞어준다.

---

10 반추위는 따로 혹위라고도 부른다.

이곳에 사는 생물은 한 종류가 아니다. 먼저 셀룰로오즈를 분해하는 세균이 있고, 또 녹말을 분해하는 세균과 펙틴, 숙신산, 젖산 등 다양한 탄수화물을 분해하는 각각의 균들이 산다. 그리고 메테인 세균과 이들을 먹이로 하는 원생생물, 균류도 산다. 이들은 소가 하루 평균 60kg쯤 먹는 풀을 가지고 위 속에서 하나의 생태계를 이루고 있는 것이다.

소는 이들이 분해한 탄수화물만 흡수하는 것이 아니다. 반추위 속에 사는 이들 생물들 일부도 당연히 소화된 먹이와 함께 겹주름위와 주름위로 넘어간다. 물론 개중에는 수명이 다해 죽은 사체가 꽤 높은 비율을 차지하지만 아직 살아있는 녀석들도 있다. 이곳이야말로 원래 위였던 곳이니 당연히 단백질 분해효소가 나오고, 반추위에 살던 생물들도 분해가 되어 흡수가 된다. 결국 소가 만들어내는 단백질은 대부분 자신의 반추위에 살고 있던 세균과 원생생물, 곰팡이들을 소화해서 얻은 것이다. 그런 의미에서 반추위는 셀룰로오즈를 분해해서 탄수화물을 흡수하는 공간일 뿐 아니라, 셀룰로오즈를 이용해 단백질 공급원을 키우는 목장이기도 하다. 우리가 즐겨 마시는 우유와 소고기에 풍부한 단백질은 소의 위에서 살던 균들로부터 온 것이다. 결국 소는 겉으로 보기에 초식동물이긴 해도, 꽤나 많은 육식을 같이 겸하고 있는 셈인 것이다. 그리고 이는 소뿐만이 아니라 대부분의 초식동물의 소화기관에서 일어나는 일이기도 하다.

광합성을 하는
동물들

흔히 볕 좋은 날 일광욕 하는 걸 광합성 한다고들 한다. 실제 우리는 햇빛을 쬐어야만 한다. 필수 비타민 중 하나인 비타민D는 햇빛을 쬐일 때 우리 체내에서 합성이 된다. 더구나 햇빛을 쬐면 뇌는 평소보다 세로토닌이란 호르몬을 더 많이 분비시킨다. 이 물질은 행복한 감정을 느끼게 해주고 우울증을 덜어준다. 또 햇빛을 받고 난 뒤 10시간여가 지나고 나면 수면 호르몬인 멜라토닌이 분비되어 숙면을 하는 데도 도움이 된다. 그래도 약간의 아쉬움도 남는다. 햇빛을 쬐면서 광합성도 같이 할 수 있다면 좋을 터인데 말이다. 그러나 광합성은 엽록체를 가진 식물이나 조류만이 할 수 있는 일이 아닌가? 그런데 여기 광합성을 하는 동물이 있다. 그것도 한두 종류가 아니다.

앞에서 살펴봤듯이 산호는 대표적인 광합성을 하는 동물이다. 물론 스스로 광합성을 하는 것은 아니고 자신의 체내에 조류를 기르는 존재다. 그리고 산호의 사촌인 말미잘 중에도 조류와 공생하는 경우가 종종 눈에 띈다. 우리나라 해안에 서식하는 검정꽃해변말미잘 *Anthopleura kurogane*이나 호리병말미잘*Parasicyonis actinostoloides* 태평양꽃해변말미잘*Anthopleura pacifica* 등은 모두 여러 조류들과 공생관계를 형성한다. 산호의 사촌이니 산호가 하는 일을 못할 리 없다.[11]

바다에 산호가 있다면 육지에는 이끼[12]가 있다. 화산이 폭발하고

➡ 조류와 공생하는 말미잘

용암이 흐른다. 주변의 대지는 초토화된다. 검회색 용암대지에 화산재가 쌓이고 군데군데 화산쇄설물이 떨어져있다. 불모의 대지가 된 것이다. 이런 곳에 처음으로 찾아드는 생명이 바로 이끼(지의류lichen)다. 그래서 지의류는 '식물 군락의 개척자'라고 한다. 히말라야나 알프스의 고산지대 만년설 바로 아래에도 이 지의류는 있다. 북극 근처 더 이상 어떠한 생물도 살 수 없을 것 같은 곳에도 지의류는 있다. 높은 산의 바위는 낮에는 직사광선에 직격을 당하는데 자외선의 비중이 산 아래보다 더 높다. 또 밤이 되면 기온이 영하로 떨어져 주변의 물이 언다. 바람도 거세고 날씨 변화도 심하다. 보통 이런 곳에는 어떤 식물도 자라지 못한다. 그러나 이곳에도 지의류는 있다. 남극도 그렇다. 펭귄 이외에 누구도 살 수 없을 것 같은 극한의 땅에도 식물이 산다. 그러나 속씨식물은 겨우 2종, 선태류는 100여 종인데 반해 지의류는 350여 종이 살고 있다.[13] 힐러리와 텐징 노라가이가 '이제까지 알려진 바로는' 최초로 에베레스트 정상에 섰을 때도 지의류는 이미 그곳에 살고 있었다.

지의류는 지구상에서 생명체가 가장 살기 힘든 곳에서 초병처럼 버티고 있다. 이들이 이렇게 버티며 살 수 있는 것은 무슨 힘 때문일

---

11 「한국산 산호충류의 공생조류에 관한 분류학적 연구」, 임효숙 저, 이화여대대학원생물학과, 2001년
   http://www.dcollection.net/handler/ewha/000000071308
12 흔히 이끼라고 하는 것은 두 종류가 있다. 하나는 포자로 번식하는 식물인 선태류이고 다른 하나는 조류와 균류의 공생체인 지의류다. 이곳에서 다루는 이끼는 지의류다.
13 「극지과학자가 들려주는 남극 식물 이야기」, 이형석 저, 지식노마드, 2015년

까? 바로 균류와 조류의 공생관계에서 비롯된다. [14]

　　앞서 서술했듯 균이란 이름이 붙은 것으로는 세균, 난균, 점균, 진균 등이 있는데 이중 '균'이라고 할 수 있는 것은 바로 '진균'이다. 진균은 살아가는 방식에 따라 크게 세 종류로 나눈다. 죽은 생물을 분해하여 영양을 섭취하는 사생균이 그 하나로 버섯이 대표적이고 곰팡이의 일부도 여기에 속한다. 기생균은 다른 살아있는 생물에 기생하여 영양을 섭취한다. 자작나무버섯이나 동충하초, 그리고 지긋지긋한 무좀균이 여기에 속한다. 하지만 대부분의 기생균들은 동물보다는 식물과 함께 한다. 식물로서는 끔찍한 녀석들이라 할 수 있다. 세 번째로는 공생균이다. 지금 우리가 다루는 지의류를 이루는 균들도 있고 송이버섯도 이에 속한다. 송이버섯은 소나무에 인과 질소를 공급하고, 소나무는 당분을 준다. 광합성을 하지 못하고, 그렇다고 동물처럼 움직이지도 못하기 때문에 기생하거나 공생하는 등 다른 생물과 함께가 아니면 살 수 없는 것이 바로 균이다. 그리고 그 균 중 조류와 같이 평생을 보내는 것이 바로 지의류다. 균은 번식형태에 따라 자낭균류와 담자균류로 나누는데 이중 지의류를 만드는 균들은 대부분 자낭균이다. 지의류는 이 자낭균에 의해서 이루어진다.

　　지의류를 이루는 다른 한 축은 조류다. 그러나 한 종류가 아니다. 남조류의 13가지 속, 녹조류의 19가지 속이 지의류의 구성원으로 활

14　최신의 연구결과에 의하면 지의류는 균류와 조류 이외에 효모가 같이 사는 3자 공생관계라고도 한다. 이와 관련된 연구결과는 http://science.sciencemag.org/content/353/6298/488 참조.

➡ 나무에 기생하는 넓은 잎모양의 지의류

동하고 있다. 녹조나 남조는 기본적으로 물에서 사는 생물들이다. 이들을 균류가 포섭해서 육지에서 살도록 만든 것이다. 그리고 이렇게 조류가 다양하고 균류도 다양하다는 것은 결국 지의류가 공동의 조상에서 시작한 것이 아니란 걸 의미한다. 균은 스스로 이동할 수 없고, 광합성을 할 수도 없다. 따라서 다른 생물에 기생하거나 공생하는 것이 최선인데 그 과정에서 조류와의 공생에 성공한 꽤 많은 조상들이 있었던 것이다. 어떤 분들은 공생을 예로 들며 진화는 '생존 경쟁'과 '적자생존' 이외의 다른 방식도 가능하다고 주장하는데 역으로 공생 자체도 진화론의 기본 범주 안에 든다고 생각할 수 있다. 지의류도 경쟁을 한다. 같은 지표를 놓고 다른 식물과 경쟁을 한다. 또한 다른 균류와도 경쟁을 하고, 다른 조류와도 경쟁을 한다. 이런 경쟁의 결과가 공생하는 생물의 손을 들어줬을 때 이들은 기꺼이 공생이라는 형태의 진화를 이룬 것이다.

지의류는 분류하기가 상당히 까다롭다. 일단 나눌 때는 균류가 자낭균이냐 담자균이냐를 가지고 나누고, 그 다음은 여러 가지 형태의 특징으로 나누며 최종적으로는 어떠한 조류가 있는지를 가지고 나누는데 그리 분명하지 않다. 이들의 유전체를 분석하는 것 또한 만만치 않다. 조류와 균류의 유전자가 이리 저리 뒤섞여있기 때문이다. 어찌되었건 이 둘의 공생형태인 지의류는 둘이지만 하나로 행동한다. 각기 다른 개체였다가 나중에 하나가 되는 게 아니라 애초에 발생과정에서부터 하나로 태어난다. 균은 위태로운 바깥환경에서 내부의 조류를 보호하고 수분을 공급하며 질소영양분도 제공한다. 조류는 광합성을 통해 생산한 탄수화물을 공급한다. 이러한 관계는 상당히 성공적이어서 극한의 환경에서도 이들의 생존을 보장할 뿐만 아니라 조건이 좋은 경우에도 다른 생물과의 경쟁에서 우위를 보인다. 과학자들은 이들 지의류가 육지 표면의 약 6%를 점유하고 있다고 생각한다.

사람들이 처음부터 지의류를 조류와 균류의 동거 상태라고 알았던 것은 아니다. 그저 흔한 풀이겠거니 했다. 지의류가 공생체임을 처음으로 주장한 것은 피터 래빗의 작가 베아트릭스 포터^{Beatrix Potter}였다. 보통 귀엽고 의인화된 토끼 캐릭터로 유명한 포터가 젊은 시절 생물학자의 꿈을 가지고 있었다는 것은 그리 알려진 사실은 아니다.

➡ 베아트릭스 포터의 피터 래빗 그림

아직 생물학자의 꿈을 가지고 있던 시절 그는 여러 가지 연구 결과를 바탕으로 지의류가 균류와 조류의 공생체라는 주장을 했지만, 여자였기 때문에 그 결과를 런던의 린네학회에서 직접 발표할 수 없었다. 그의 삼촌이 대신 발표한 포터의 주장은 그러나 완고한 다윈주의 남자들로 가득 찼던 당시 생물학계의 비웃음만 잔뜩 사고 말았다. 그 완고함에 그녀는 과학자의 꿈을 접고 동화작가가 되었던 것이다. 그의 작품에 그려진 일러스트는 그가 자연을 관찰하며 직접 그렸던 과정에서 습득한 재능에서 연유한 것이었다. 문학계로서는 즐거울 일이나 생물학계로서는 상당히 안타까운 일이다.

지의류의 균들은 동물과 달리 진균류, 즉 버섯이나 곰팡이와 같은 분류군에 속한다. 또한 산호는 동물이긴 하지만 우리나 다른 동물과는 조금 결이 다른 측계통군에 속한다고 많은 과학자들이 생각한다. 그렇게 생각하지 않더라도 산호와 같은 자포동물은 이배엽성 동물로 나머지 동물들이 삼배엽성인 것에 비해 비교적 초기에 다른 동물들과 갈라진 녀석들이다. 따라서 뭐 제대로 된 동물도 아니니 광합성을 하는 녀석들이랑 동거를 할 수도 있지라고 생각할 수 있다. 그러나 광합성을 하는 동물은 일부 사람들이 생각하는 '하등 동물'인 산호나 균류에 그치지 않는다.

엘리지아라는 이쁜 이름을 가진 동물이 있다. 갯민숭달팽이에 속하는 복족류의 일종이다. 거의 100종에 가까운 갯민숭달팽이가 엘리지아란 이름을 공유하는 속에 속하는데 대부분 얕은 바다 밑바닥에 자라는 조류를 갉아 먹으며 산다. 그런데 엘리지아 클로라티카*Elysia chloratica*라는 녀석은 바우체리아*Vaucheria litorea*라는 조류를 먹고 완전히 소화시키는 것이 아니라 조류가 가지는 엽록체를 자신의 소화관 옆의 세포 안에 보관한다. 그 덕분에 겉으로 보이는 색깔도 녹색이다. 조류와 공생을 하는 것은 아니다. 다만 조류로부터 엽록체를 탈취하는 것이다. 이렇게 엘리지아의 몸속에 들어온 엽록체는 그곳에서도 광합성을 한다. 그 산물은 오롯이 엘리지아에게 전달된다. 그러나 이렇게 엘리지아 세포 속에서 감금된 엽록체들은 일정 시간이 지나면 파괴되기 때문에 조류를 섭취해서 계속 엽록체를 보충해야만 한다. 앞서 밝혔듯이 원래 독립된 생명이었던 엽록체들은 세포내 공생 과정을 통해 자신이 필요한 유전자의 대부분을 핵으로 이전했는데, 엘리지아는 그런 유전자를 제대로 가지고 있지 않기 때문이다.

그러나 이 엘리지아가 자신의 염색체 안에 엽록체와 관련된 유전자 중 일부는 가지고 있다는 것이 밝혀졌다. 그리고 이 유전자조차도 자신이 먹었던 바우체리아로부터 얻어낸 것이다. 원핵생물들이나 단세포 진핵생물의 경우나 찾아볼 수 있는 수평적 유전자 전이를 다세포 진핵생물이 해낸 것이다. 이렇게 광합성과 관련된 유전자를 가지게 됨으로써 엽록체가 자신의 세포 내에서 지속적으로 광합성을 하게 만들 수 있는 것이다. 그러나 아직 엽록체와 관련된 유전자를 완전히 확보하진 못했기 때문에 스스로 엽록체를 복제해서 계속 유지할 수는 없다. 이들의 진화가 진정 스스로 엽록체를 복제하는 데까지 이를 수 있을지를 살펴보는 것도 꽤 흥미로운 일일 것이다.

조류와 공생하는 생물로는 연체동물인 조개도 있다. 사람 잡아먹는 식인조개로 알려진 대왕조개*Tridacna gigas*가 바로 조류와 공생한다. 무게가 무려 200kg, 길이가 1.5미터인 이 거대 조개는 외투막이 껍질을 닫지 못할 정도로 두꺼운데 이 외투막에 주산셀러*Zooxanthellae*라는 조류가 산다. 산호의 역할을 대왕조개가 할 뿐이다. 대왕조개는 낮에는 외투막의 조류가 광합성을 충분히 할 수 있도록 웬만하면 그냥 입을 열고 있다. 조류와 공생하는 조개는 이 외에도 있는데 현재까지

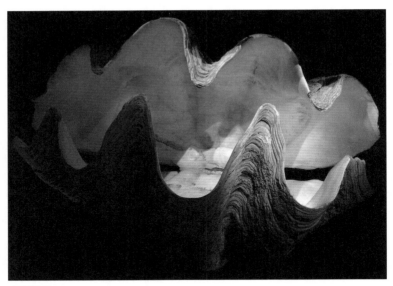
➡ 대왕조개

총 9종의 연체동물들이 조류와의 공생을 통해 영양분을 얻고 있다.

척추동물 중에도 조류와의 공생을 도모하는 생물이 있다. 북아메리카에 사는 점박이도롱뇽이 그들이다. 이들은 알을 낳으면 알 주변으로 단세포 녹조류가 자란다. 연구자들은 처음에는 알 주변에서만 조류가 자란다고 생각했다. 조류가 단순히 도롱뇽이 발생과정에서 내놓는 질소화합물을 흡수하는 것으로 이득을 본다고 생각한 것이다. 그리고 도롱뇽 알의 입장에서는 조류가 광합성을 하는 과정에서 내놓는 산소가 호흡에 도움을 준다고 여겼다. 즉 외부공생이라고 생각한 것이다. 그런데 자세히 연구를 하다 보니 조류가 알 주변만 아니라 발생하는 도롱뇽 배아 세포 내부에서도 발견된다는 것을 확인했다. 더구나 조류가 있는 곳 주변으로 도롱뇽 세포 내부의 미토콘드리아가 모여 있다는 것도 발견했다. 도롱뇽의 미토콘드리아는 조류가 내놓는 산소와 탄수화물을 이용해서 에너지를 생산하고 있었다. 더구나 이 조류들은 부모에게서 물려받은 것으로 추정되고 있다. 어미 도롱뇽의 수란관에서도 조류가 발견된 것이다. 대대로 조류를 물려받으며 알의 발생에 조류의 도움을 받는 진화가 척추동물에서도 이루어진 것이다.

이렇듯 우리가 상상으로만 생각하던 광합성을 하는 동물이 실제 자연에서는 조류와의 공생과 포식을 통해서 여러 방향으로 이미 이루어지고 있다.

개미가 나무의 수액을
먹는 방법

개미는 꽤나 사납다. 어려서 개미에게 물려본 적이 있는 사람은 알 것이다. 겨우 쌀알 하나 크기의 개미에게 물렸는데도 물린 곳이 엄청 쓰리다. 개미는 물기만 하는 것이 아니라 물 때 개미산이란 일종의 독을 내놓는다. 그래서 쓰리고 가렵다. 덩치 큰 우리 인간도 아픈데 작은 곤충들이야 더할 나위가 없다. 더구나 개미는 떼로 다니는 것이 일상인 곤충이다. 한 마리만 덤비는 것이 아니라 수십, 수백 마리가 달려든다. 웬만한 곤충들은 지레 겁먹고 도망가기 바쁘다.

개미는 이런 자신의 공격성을 이용해서 다양한 곤충들과 공생을 한다. 자기 구역 안의 곤충들을 천적으로부터 보호해주고 대신 대가로 단물을 받아먹는다. 마치 옛날 시장통에서 다른 깡패나 진상 손님이 설치는 걸 막아주고 보호비를 받는 조직폭력배와 비슷하다. 다른 점이 있다면 상인들은 울며 겨자 먹기로 돈을 냈지만, 곤충들은 일단 개미들이 아니면 실제로 천적들에게 잡아먹히기 때문에 이런 관계를 선호한다는 점이다. 이런 공생관계 중 가장 잘 알려진 것은 진딧물과의 공생이다. 크기가 겨우 2~4밀리미터밖에 되지 않는 진딧물은 식물에게는 정말 골치 아픈 존재다. 이들은 봄에 알에서 나와 성충이 되면 짝짓기도 하지 않고 계속 새끼를 낳는다. 이를 처녀생식이라고 한다. 진딧물은 수명이 고작 한 달 정도 밖에 되지 않지만 그 사이에 몇 배의 암컷 새끼를 낳는다. 그 새끼들은 며칠이면 금방 성숙해져서 마찬가지로 처녀생식을 한다. 그래서 처음 식물에 자리 잡은 진딧물은 한 마리였지만 몇 달 뒤면 수천 마리가 우글거리게 된다.

진딧물은 식물의 줄기에 관처럼 생긴 입을 꽂아 체관으로 흐르는 수액을 마신다. 때로는 물관에도 입을 박아 물을 마시기도 한다. 하지만 이들이 먹는 수액에는 주로 당분이 있을 뿐이다. 진딧물의 생존에 필요한 단백질 등은 부족하다. 그래서 이들은 어미나 주변 동족을 잡아먹는 카니발리즘을 종종 보여준다. 부족한 단백질을 보충하는 것이다. 하지만 이들 또한 초식동물이니 어찌 장 내에 공생하는 미생물이 없을까. 이들의 소화관 안에는 아미노산을 만드는 세균이 있다. 이 세균은 진딧물이 주는 당분을 먹고 대신 필수적인 아미노산을 공급해준다.

　그럼에도 진딧물이 먹는 음식, 즉 식물의 수액에는 다른 영양분에 비해 당분이 너무 많다. 그래서 진딧물은 꽁무니에서 이 당분을 동그란 물방울 모양으로 배출한다. 이 당분방울이 식물에게는 더 치명적이기도 하다. 그렇지 않아도 수액을 빼앗겨 시들어 가는데 이들이 잎이나 줄기에 떨어트리는 당분은 기공이나 줄기의 피목을 막아 호흡곤란에 빠뜨리기도 하고, 또 그 당분을 먹고 사는 곰팡이나 균을 부르기도 한다. 이런 곰팡이나 균에 감염되면 식물은 그저 죽을 날만 기다릴 수밖에 없다. 그래서 농사를 짓거나 원예를 하는 이들은 진딧물이라면 치를 떤다. 순식간에 불어나선 정성껏 키운 식물들을 초토화시키기 때문이다.

➡ 진딧물과 개미

하지만 어느 생물이고 항상 좋은 것만 가질 수는 없다. 이 작디작은 진딧물은 먹이가 당분 위주다 보니 다른 방어수단을 개발할 여력이 없다. 부족한 단백질로 인해 껍데기는 무르고, 날지도 못한다. (물론 몇 세대를 거치면 그중 날개를 가진 진딧물 새끼를 낳기도 하는데 이는 기존의 식물을 모두 먹어치워 더 이상 그곳에서 살 수 없을 경우에 해당된다.) 그러니 이런 진딧물을 노리는 천적이 한 둘이 아니다. 무당벌레가 대표적이지만 그 외에도 잠자리의 애벌레와 성충, 꽃등에의 애벌레, 기생벌 등 육식성 곤충은 모두 진딧물을 신나게 사냥한다.

이때 개미가 등장한다. 앞서 말했듯이 진딧물은 꽁무니에서 당분을 내놓는다. 이걸 노리고 온 것이다. 개미는 다른 천적처럼 진딧물을 잡아먹지 않고 이 단물만을 빨아먹는다. 마치 우리가 젖소를 키워 매일 젖을 얻는 것이나 매한가지다. 개미 입장에선 진딧물을 잡아먹는 것보다 매일같이 와선 단물을 빨아먹는 것이 더 효율적이다. 이 과정이 오래되면서 둘 사이에는 서로 이를 전제로 한 공진화가 일어난다. 개미의 입장에선 일종의 낙농이다.

개미의 보호를 받는 진딧물은 이제 아무 때나 단물을 흘리지 않는다. 개미가 올 때 제대로 주기 위해 단물의 84%를 개미가 왔을 때 공급하고 나머지 시간은 아주 조금씩만 내놓는다. 둘이 같이 있는 시간은 하루의 14% 정도 밖에 되지 않는데 말이다. 개미도 진딧물 주위를 순찰하며 천적들이 접근하지 못하도록 경계를 서 준다.

그런데 왜 다른 천적은 개미처럼 진딧물의 단물만 빼먹는 방법을 쓰지 않는 걸까? 이유는 다른 곤충들은 혼자서 살고, 개미는 집단을 이루며 살기 때문이다. 개미는 한 집단 내에서 다양한 먹이를 사냥해와 같이 나눈다. 그래서 일부는 진딧물로부터 당분을 얻어오고, 또 다른 개미들은 단백질이나 무기질이 풍부한 먹이를 가져와서 나눌 수 있다. 그리고 개미집까지 운반하기에도 진딧물 몸체보단 단물이 훨씬 수월하다. 그러나 다른 천적들의 경우에는 혼자서 먹이사냥을 모두 마쳐야 하니 되도록 영양분이 골고루 있는 진딧물이란 개체 전체를 선호할 수밖에 없는 것이다. 거기다 진딧물은 번식력도 좋아 혼자서는 아무리 먹어도 줄지 않는다.

이렇게 개미들에게 당분을 주고 자신을 지키는 곤충은 진딧물 이외에도 매미목의 뿔매미, 매미충, 깍지벌레와 부전나비의 애벌레 등 꽤나 많은데 대부분 매미목이다. 왜 매미목의 곤충들이 유독 개미와 이런 공생관계를 가지는 걸까?

사실 매미는 해충에 가깝다. 이 말은 식물이 싫어하는 곤충이란 뜻이다. 이들은 늦여름 내내 짝을 찾아 시끄럽게 울다가 다행히 짝짓기를 하게 되면 알을 대부분 나무껍질 안쪽에 낳는다. 알들은 다음 해 봄이 되어서야 부화를 한다. 부화된 애벌레는 바로 땅속으로 들어가 나무뿌리의 즙을 빨아먹으며 산다. 어려서부터 나무에게 민폐를 끼친다. 짧게는 3년, 길게는 17년의 오랜 세월을 나무의 수액을 빨아먹으며 애벌레의 상태로 보낸다. 그리고 다시 때가 되면 나무 위로 올라와 껍질을 벗고 어른 매미가 된다. 성충이 된 매미는 다시 시끄럽게 우는데 보통 20일에서 한 달 정도를 살며 치열하게 짝짓기를 하다가 죽는다. 물론 이 때도 먹는 것은 나무의 수액이다. 다만 그 부위가 애벌레일 때는 뿌리였는데 성충이 되면 줄기인 것만 다르다.

　나무의 입장에선 짧게는 몇 년, 길게는 십수 년을 수액을 빨리는 것이다. 더구나 이렇게 수액을 마시는 녀석들은 모두 영양이 불균형인 경우가 많다. 앞서 진딧물도 그런 것처럼 이들 매미 종류도 다른 영양소에 비해 물과 당분이 과다하다. 그래서 이들 매미류들 대부분은 꽁무니에서 단물방울을 뿜어낸다. 그리고 이런 단물이 곰팡이나 균류를 불러들여 기껏 식사거리를 제공한 나무에 해를 입히는 것 또한 마찬가지다. 그리고 개미도 역시 진딧물과 마찬가지로 끼어든다. 언뜻 보기엔 아름다운 공생이 이루어진다. 그러나 기실 이들의 공생은 식물에게서 뜯어낸 수액으로 이루어진 것이고, 이들의 공생 결과는 식물에게 전염병을 옮기는 거란 점은 잘 살펴지질 않는다. 또 이들의 공생은 매미를 잡아먹는 천적(우리나 식물로서는 익충이다)에게는 더 고단한 삶을 부여하는 것이기도 하다.

　개미가 단물을 먹는 특별한 예인 부전나비의 애벌레는 덩치가 개미의 몇십 배가 된다. 개미는 이 애벌레의 등에 몇 마리씩 올라가 다른 천적이 애벌레를 사냥하지 못하도록 막아준다. 대신 애벌레는 등에서 당분과 아미노산이 든 액체를 분비해 개미가 먹도록 한다. 덩치가 크니 아무래도 꽁무니에서 내놓는 당분으로 개미를 유혹하기보다는 아예 등 위에서 망을 보도록 배출구를 등으로 한 것이다. 그런데 이 액체에는 개미의 도파민이란 호르몬 분비를 억제하는 성분이 있다. 그래서 이 액체를 먹은 개미들은 애벌레 주변을 떠나지 않고, 덜 돌아다니게 된다. 그리고 애벌레의 천적이 오면 더 적극적으로 대응한다.

진딧물이 개미가 사육하는 젖소라면, 부전나비 애벌레와 개미는 마약으로 경비를 서게 만드는 마녀와 경비병의 관계와 흡사하다고 할 것이다.

잎꾼개미와
4자 동맹

　인류가 농사를 짓기 시작한 것은 약 1만 년 정도 전으로 알려져
있다. 사실 농사를 짓는다는 건 꽤나 멋진 발명이어서 대부분의 시기
동안 우리 인간은 지구상에서 유일하게 농사를 지어 먹이를 생산하
는 동물로 스스로에 대한 자부심을 가지고 있었다. 그러나 20세기 들
어 인간 이외의 동물도 농사를 짓는다는 걸 발견하면서 자존심에 약
간의 상처를 입는다. 특히 농사에 발군인 잎꾼개미leaf-cutter ants 15는 인
간이 지상에 나타나기도 전인 약 5,000만 년 전부터 농사를 지어온

---

15 가위개미라고도 한다.

➡ 잎을 운반하는 잎꾼개미

것으로 알려졌다. 한두 종이 아니다. 애타Atta속과 에크로머맥스Acromyrmex속에 속하는 개미들로 총 41종의 개미가 남아메리카에서 미국 남부 사이의 넓은 지역에서 열심히 농사를 지으며 살고 있다.

이들의 삶을 살짝 엿보자. 일단 여왕개미와 수개미가 혼인비행 중 짝짓기를 한다. 짝짓기가 끝나면 여왕개미는 약 3억 개의 정자를 가지고 적당한 곳에 내려 번식을 시작한다. 그리고 일개미들을 낳기 시작하는데 일개미들이 한 종류가 아니다. 크기의 차이를 가지고 가장 작은 것부터 순서대로 정원사개미, 소형일개미, 중형일개미, 대형일개미로 나눈다. 이들은 몸집에 따라 잎을 잘라서 가져오는 부류, 외부의 천적으로부터 방어하는 경비병, 애벌레를 돌보고 버섯농장에서 일하는 내부 작업자 등으로 나뉜다. 그런데 그 크기 차이가 꽤 난다. 정원사 개미의 머리는 직경이 1mm가 되지 않는데 가장 큰 대형일개미는 7mm로 일곱 배가 넘는다. 인간으로 치면 갓난아기와 2m가 넘는 프로농구의 센터의 차이보다 더 하다. 다른 개미들보다 일개미들이 세분화된 것은 농장을 가꾸는 과정에서 일어난 진화의 결과로 보여진다.

이들은 나뭇잎을 수집해 개미집에 가져와선 거기에 균을 키운다. 쉽게 말해서 버섯을 키우는 것이다. 이들이 재배하는 균류는 여왕개미가 자신의 입속에 보관하던 포자로부터 번식한 것이다. 즉 여왕개미가 번식을 위한 혼인비행 전, 자기가 속해있던 집단이 키우던 버섯의 포자를 가지고 와 새끼를 치는 것이다. 따라서 이들이 키우는 균 또한 여왕개미에서 다른 여왕개미로 대대손손 이어진 것이다. 그래서 균들도 모두 주름버섯Agaricaceae과에 속하는 녀석들이다. 개미는 가져온 잎을 잘게 잘라 쌓은 뒤 그 위에 버섯을 재배해서 먹는다. 하지만 공생관계는 이 개미와 버섯 사이에서만 이루어지는 것이 아니다. 버섯이 제대로 자라려면 질산염 성분이 필요하다. 여타 생물과 마찬가지다. 그러나 식물의 잎만으로는 이를 충족하기 힘들다. 이들도 식물의 세포벽 성분을 소화할 방법이 없기 때문이다. 야생에서 홀로 사는 버섯이나 곰팡이는 다른 세균들이 분해한 먹이를 먹지만 개미가 가져온 잎은 갓 딴 싱싱한 잎이라서 그리 쉽게 분해가 일어나지 않기 때문이다. 그래서 제 3의 협업자가 나타난다. 바로 질소고정세균이다. 식물의 뿌리나 토양에 있는 질소고정세균이 바로 세 번째 협업자다. 이들이 지상에서 식물들과 맺는 바로 그 관계를 개미집 안에서 버섯과 이루는 것이다. 버섯은 이들에게 당분을 주고, 이들은 버섯에게 질산염을 제공한다. 그리고 개미는 이들 둘을 위해 잎을 날라다주고 보호한다.

공생관계는 이걸로 끝이 아니다. 이 농장에는 호시탐탐 버섯을

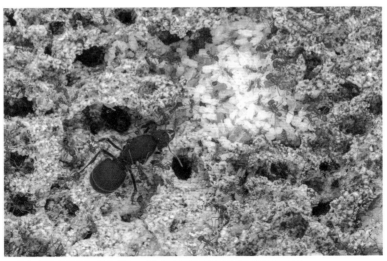

➡ 텍사스잎꾼개미 군락. 각기 다른 크기의 개미들이 농장(흰 부분)을 운영하고 있다

노리는 침입자가 있다. 바로 에스코봅시스Escovopsis란 버섯에 기생하는 곰팡이균이다. 다른 곤충이나 천적이 접근해오는 경우에야 개미가 어떻게든 막아내지만 눈에 보이지도 않는 작은 포자의 형태로 침입하는 이들을 개미가 막을 순 없다. 그래서 이들 개미는 자신의 외골격에 항생제 역할을 하는 세균을 키운다. 버섯과 자주 접촉하는 개미일수록 이 박테리아를 많이 가지고 있다. 개미의 외골격에서 사는 슈도노카디아Pseudonocardia속의 박테리아가 진균성 기생체가 버섯에 기생하는 것을 막는 역할을 하는 것이다. 또 다른 세균도 있다. 방선균Actinobacteria의 일종을 키우는데 이 방선균은 기타 잡균과 다른 버섯의 성장을 억제하는 역할을 한다. 이렇게 개미를 중심으로 버섯과 질소고정세균, 그리고 항생제 역할을 하는 세균까지 총 4개 집단이 서

로 동맹을 맺어 중남미 대륙의 지하를 지배한다.

　중미에서 남미에 이르는 넓은 영역에 서식하는 이들은 때로 수백 미터에 이르는 개미집을 형성하기도 한다. 이런 곳에서 개미는 수백만 마리의 집단을 이루고 있다. 이들의 생물체 총 질량은 지상에 존재하는 동물들 전체의 4배에 달한다는 연구보고가 있을 정도다. 그러나 역으로 이들에게 수확되는 식물의 입장에서 보면 가장 치명적인 적이다. 식물은 잎을 먹는 동물들로부터 스스로를 지키기 위해 독소성분을 저장하는데 이 잎꾼개미들은 이를 가져다가 버섯에게 주고, 버섯은 이 독소성분을 분해해서 먹을 수 있게 만들어준다. 이렇게 식물의 독성으로부터 해방된 개미들은 그 주변 지역에서 식물 잎의 총 15~20% 정도를 소비한다고 한다. 이 4자간 동맹이야말로 중남미 생태계의 지배자라고 해도 과언이 아닐 것이다.

기생의 대가는
근친상간

　　당장 여름에 동네 뒷산에만 가도 알 수 있다. 나무란 나무마다 갉아 먹혀 잎맥만 남은 잎들이 숱하게 보인다. 모두 애벌레가 지나간 흔적이다. 곤충이 알에서 깨어나 변태를 겪기 전의 상태를 보통 애벌레라고 한다. 아직 어른이 되지 못한 애기 벌레라는 뜻일 게다. 곤충의 개체수가 많은 만큼 애벌레도 많다. 아니 모든 애벌레가 성충이 되지 못하고, 대부분 애벌레 시기가 성충의 시기보다 훨씬 더 길기 때문에, 애벌레의 수가 몇십 배 더 많다. 이 많은 애벌레를 그냥 두고 볼 천적들이 아니다. 새, 포식곤충, 거미 등 수많은 동물들이 이들로 생명을 유지한다.

애벌레들에게 감정이 있다면 그중에서도 가장 두려운 것은 바로 기생말벌일 것이다. 기생말벌은 애벌레를 먹는 것이 아니라 애벌레의 몸속에 알을 낳는다. 그때부터 애벌레는 숙주가 된다. 알에서 태어난 말벌의 새끼는 숙주의 몸을 파먹으며 자란다. 정확히 말하자면 근육이나 장기에는 큰 손상이 없다. 다만 내부 수액을 빨아 먹히는 것이다. 말벌 애벌레 입장에서도 자신의 먹이를 쉽게 죽이기는 아까운 것이다. 고치를 틀고 우화하여 성충이 되어 날아갈 때까지 숙주가 열심히 잎을 먹으면서 건강을 유지하는 것이 더 좋다.

하지만 속에서 자기 몸을 빨아먹는데 건강할 리가 없다. 대신 말벌 애벌레는 숙주가 번데기가 되지 않도록 조절을 하고, 이전보다 더 열심히 잎을 갉아먹도록 유도를 한다. 말벌 애벌레가 외계인도 아닌데 이 모든 사실을 '알아서' 조절하는 것이 아니다. 다양한 말벌들이 있었을 것이다. 그중 어떤 말벌 애벌레는 자기가 서식하는 숙주의 장기를 먹었을 것이고, 또 다른 말벌 애벌레는 근육을 먹었을 수도 있다. 그러나 그런 말벌 애벌레는 자신이 다 자라기도 전에 숙주가 죽어버렸을 것이고, 결과적으로 자신도 죽기 쉬웠을 것이다. 그리하여 근육이나 장기를 먹지 않고 오직 영양 가득한 수액만 먹었던 애벌레가 살아남아 지금의 기생 말벌을 만든 것이다. 또한 숙주가 번데기가 되지 못하도록 호르몬을 분비하고 혹은 숙주가 호르몬을 내는 기관을 먹어버리는 등 다양한 활동을 해야 한다. 하지만 숙주가 잘못 천적에게 잡아먹히기라도 하면 그 안의 말벌 애벌레도 같이 잡아먹힌다. 말벌 애벌레는 허약해진 숙주가 실수로 잎 앞면 눈에 띄기 쉬운 곳에 나가지 못하도록 막아야 했고, 되도록 움직임이 적도록 조종해야 했다. 혹은 기생 애벌레가 자라는 과정에서 숙주가 죽을 수도 있다. 이런 경우 숙주가 썩지 않게 애벌레나 어미 말벌이 항생제 성분을 숙주의 몸에 주입하기도 한다.

처음부터 이런 일을 일사천리로 하진 못했을 것이다. 얼마만큼의 실수와 시행착오가 있었을까? 몰라도 수백만 번의 시행착오가 있고, 수많은 말벌 애벌레가 실수의 대가로 사라졌을 것이다. 그래도 그 결과 기생말벌은 성공적인 기생생물이 되었다.

그리고 이 과정에서 이들은 굉장한 종분화를 겪는다. 그리고 이들의 종분화와 함께 숙주들도 종분화를 겪는다. 애벌레라고 당하고만 살고 싶겠는가? 어떻게든 이 굴레를 벗어나고 싶을 것이다. 애벌

➡ 기생말벌 꽁무니에서 길쭉하게 나온 침이 숙주에게 알을 넣는 수란관이다.

레들은 말벌이 알을 낳으면 그 알을 공격하는 내부 면역체계를 갖추기도 하고, 한 데 모여 말벌로부터 방어를 꾀하기도 한다. 표피 세포를 변형시켜 말벌을 헛갈리게 만들기도 하고, 위장도 한다. 하지만 여기에 너무 많은 에너지를 쏟을 순 없다. 애벌레가 지능을 가지고 모든 판단을 한다면 모르지만 애벌레는 그저 자주 일어나는 변이를 통해서 진화할 뿐이다. 그런데 이런 위장과 독소와 등등에 너무 많은 에너지를 쓰는 진화는 그 자체로 애벌레의 에너지를 소진시켜 제대로 성충이 되기 힘들기 때문에 번식이 이루어지기 힘들다. 그런 변이를 겪고 그렇게 진화한 종이 없지는 않았겠지만 후손을 남기지 못하니 멸종하고 말았을 것이다. 대신 어느 정도 에너지를 써서 일부는 희생이 되더라도 이전보다 많이 살아남는다면 그런 종은 더 많은 자손을 남기고 살아남게 되는 것이다. 그 과정에서 서로 다른 변이를 한 개체들은 다른 종이 되어간다. 어떤 개체는 독소를 품게 되고, 어떤 종은 표피의 변화가 일어나고, 또 다른 종은 가시를 붙이는 식으로 변화가 일어나는 것이다. 최초의 작은 변화는 쌓이고 쌓여 새로운 종을 만든다.

말벌의 입장에서도 마찬가지다. 애벌레들이 진화하면 말벌도 거기에 맞춰 대응을 해야 한다. 하지만 한 개체가 독소에도 가시에도 표피의 변화에도 모두 대응하기는 힘들다. 애벌레와 마찬가지로 그 모든 변화에 대응하는 것은 말벌 입장에서도 에너지 과다이다. 그래서 자연스레 말벌도 변이를 일으키지만 한 가지 변화 정도에 대응하는 진화로 귀결하게 된다. 그래서 애벌레에서 종분화가 일어나고, 그 애벌레를 기생체로 삼는 말벌에서도 자연스레 종분화가 일어난다. 이런 과정이 지속되면서 기생말벌과 숙주는 끊임없이 다양해진다. 지금 우리가 보는 이 세상의 다양함의 많은 부분이 숙주와 기생체 간의 싸움에 힘입은 것이다.

지금까지만 보면 애벌레는 불쌍한 희생자다. 단번에 먹히는 것도 아니고 살아 있는 내내 기생체에게 이용만 당하다가 결국 허무하게 죽어버리는 비극의 주인공처럼 보인다. 그러나 세상일이 그렇게 단순하지는 않다. 애벌레도 이슬만 먹고 살진 않는다. 이 애벌레에게 끊임없이 괴롭힘을 당하는 나무들이 있다. 기껏 잎을 만들어 광합성을 하면서 열심히 살아가려 하는데 바로 그 잎을 갉아먹는 애벌레야말로 나무의 입장에선 그냥 놔둬선 안 될 나쁜 놈이다. 나무라고 그냥 있지 않는다. 이렇게 나무가 등장함으로써 애벌레와 기생말벌의 관계는 더 복잡해진다.

흔히 피톤치드가 몸과 마음에 좋다고 종종 숲을 찾는 분들이 있다. 나무들이 평소 조금씩 내놓는 휘발성 유기물질들이 숲에 가득 차면 그 냄새를 우리가 맡는 것이다. 나무는 애벌레가 잎을 갉아먹기 시작하면 이 휘발성 물질을 이전보다 더 많이 내놓는다. 그리고 종류도 달라진다. 이를 통해 주변의 나무들에게 경고를 하는 것이다. 그리고 이 경고는 말벌에게도 전달된다. 더구나 나무는 자신의 잎을 갉아먹는 애벌레의 종류에 따라 다른 휘발성 물질을 내놓는다. 그러면 그 애벌레에 기생하는 바로 그 말벌이 신호를 알아채곤 단박에 와선 애벌레에 알을 낳는 것이다. 나무와 애벌레의 일종의 공생이다.

실제 연구 사례에 따르면 밤나방과에 속하는 서로 사촌 정도 되는 두 나방, 헬리오티스 비레센스*Heliothis virescens*와 헬리코베르파 지아*Helicoverpa zea*의 애벌레를 같은 종류의 여러 나무들에 올려놓았더니 같은 종류의 나무에서 애벌레의 종류에 따라 서로 다른 휘발성 화학물질을 내놓았다. 그리고 헬리오티스 비레센스에만 기생하는 붉은꼬리말벌*Cardiochiles nigriceps*은 정확히 그 애벌레가 있는 나무만 찾아왔다고 한다.

어떻게 이런 일이 가능한 걸까? 연구자들의 추측에 의하면 이런 진화의 과정이 있다. 말벌이 애벌레에게 알을 주입하는 과정에서 그 애벌레가 사는 나무가 내놓는 휘발성 유기물질에 접촉하게 된다. 이런 접촉은 1회로 끝나지 않는다. 말벌은 계속 같은 종류의 애벌레를 찾게 되고, 애벌레도 같은 종류의 나뭇잎을 줄곧 고집하기 때문이다. 따라서 이 말벌 종은 애벌레와 만나는 과정에서 수도 없이 이 휘발성 유기물질과 접촉하게 되고, 마치 파블로프의 개가 종소리에 반응하는 것처럼 적응하게 된 것이다. 인간이 빵 냄새를 맡고 '아 빵이 있구나.'라고 지각하는 것과는 다른 것일 게다. 이 휘발성 물질에 반응하는 말벌은 성공적으로 애벌레를 찾을 수 있고, 그런 변이를 거친 말벌이 성공적으로 후손을 늘려서 그 종의 대세가 된 것일 뿐이다.

그리하여 말벌과 나무의 공생이, 나무와 애벌레의 피식과 포식이, 말벌과 애벌레의 기생이 얽혀들어 독특한 공진화를 이루어내게 된다.

　여기까지 썼음에도 불구하고 많은 이들이 그래도 애벌레가 불쌍하고 말벌이 괘씸하다고 느낄 수 있다. 무릇 우리는 식물의 피해에는 조금 덜 미안해하고, 기생 동물에게는 조금 더 가혹한 법이다. 그런 분들에게는 조금 위안이 될 이야기도 있다. 이렇게 애벌레 등에 알을 낳아 기생하는 생물들은 그 결과로 매 번식마다 근친상간의 형벌에 처해지는 경우가 많다. 물론 이는 말벌만의 일은 아니다. 애벌레에게 알을 낳는 많은 동물들에게 생기는 근본적인 일 중 하나다.

　지렁이의 알 고치에 기생하는 진드기가 있다. 암컷 진드기는 기생할 알 고치를 발견하면 고치에 파고 들어가 먼저 알 몇 개를 낳는데 하루 만에 부화한다. 이렇게 나온 새끼들은 모두 수컷이다. 이 수컷 새끼들은 이틀이면 성적으로 성숙하게 된다. 그러면 어미와 교미를 한다. 수컷은 교미가 끝나면 바로 죽는다. 그리고 이제 자기 자식의 정자를 가지게 된 암컷은 이를 이용해서 알을 낳는데 이들은 모두 암컷이다. 이 암컷들은 성충이 되면 고치를 빠져나와 다시 다른 고치를 찾아 헤매게 된다.

　진드기가 이렇게 괴상한 짝짓기를 하게 되는 것은 두 가지 이유다. 애벌레나 알에 기생하는 생물들은 자기 짝을 찾기가 쉽지 않다. 숙주에서 거의 평생을 보내기 때문이다. 그래서 아예 번식용으로 간이 수컷을 만들게 된 것이다. 하지만 그렇다면 이런 의문도 든다. 곤충들 중에는 처녀생식으로 자식을 계속 생산할 수 있는 경우도 꽤나 많은데 왜 이들은 그렇게 진화하지 않았을까? 진딧물의 경우 봄에서 가을까지는 처녀생식으로 오직 암컷만 낳다가 가을 끝 무렵 수컷을 낳아 교미를 하고, 그 알로 다시 겨울을 난다. 이렇게 할 수도 있지 않나? 하지만 그 경우는 기생체가 아니기에 가능하다. 계속 처녀생식으로 암컷만 낳을 경우 유전적 다양성이 부족해진다. 그리고 이렇게 유전적 다양성이 부족할 경우 멸종하기 쉽다. 실제로 그런 진드기들도 있었겠지만 멸종했기 때문에 우리에게 발견되지 않은 것이다. 대신 암컷 진드기는 염색체 수가 절반인 수컷들을 낳는다. 염색체 수가 절반인 수컷은 염색체에 치명적인 해가 있을 경우 그를 커버해줄 대립유전자가 없기 때문에 아예 발생과정에서 사라진다. 그리고 염색체가 절반인 수컷들은 같은 어미에게서 나왔지만 무작위로 들어간 염색체들로 인해 서로 다른 구성을 가지게 된다. 따라서 여러 수컷의 정자를 확보하면 그나마 덜 위험하고 다양한 유전자풀gene pool을 자손들에게 전할 수 있는 것이다.

기생말벌의 경우 숙주 애벌레에게 알을 두 번에 걸쳐서 낳는데 먼저 낳은 몇 마리는 수컷이고, 나중의 수백 마리는 암컷이다. 먼저 부화한 수컷 몇 마리가 나머지 수백 마리의 누이들 모두와 짝짓기를 한다. 이 경우도 굳이 수컷 몇 마리를 먼저 낳는 이유는 유전적 다양성의 확보라는 측면이다. 모두 암컷만 낳았던 말벌들은 유전적 다양성 부족으로 인해 멸종했을 가능성이 크다. (물론 우리가 미처 발견하지 못했을 수도 있다. 그러나 발견하지 못했다는 사실 자체가 이미 의미하는 바가 있다. 그만큼 희귀하다는 것은 그만큼 자손을 번식시키기 힘들다는 것이다. 암컷만 낳게 되면 멸종의 위험이 크고, 실제로 많이 멸종하고 아직 존속되는 종이 적기 때문에 발견되기 힘든 것이다.)

소수주의자 매미

매미는 애벌레 시기가 다른 곤충에 비해 길다. 길어도 아주 길다. 대부분의 곤충에게 애벌레 시기는 몇 달이거나 길어도 1년 정도다. 그 정도면 성충이 되기에 필요한 여러 영양분을 축적하기에 부족함이 없기 때문이다. 그러나 매미의 경우는 짧게는 3년이고 5년, 7년, 13년, 17년 등 엄청나게 긴 애벌레 시기를 겪는다. 왜 그러는 것일까? 사실 성충이 된다고 뭐 딱히 좋은 건 없다. 많은 곤충에게 있어서 성충이 된다는 건 번식을 목표로 짧은 삶을 숨가쁘게 살아야한다는 의미일 뿐이다. 마치 우리가 성인이 된다는 것이 이제 혼자 힘으로 사회에서 버텨낼 수 있어야 된다는 걸 의미하는 거나 매한가지다. 흔히 캥거루족으로 불리는, 스무 살이 넘어 서른이 되어도 부모의 양육 아래 사는 이들도 있으니 곤충이라고 그러지 말란 법이야 있겠는가? 하지만 이들이 이렇게 긴 애벌레 시기를 가지는 건 특별한 이유가 없다면 진화적으로 보았을 때 용납되지 않는 행위다. 가령 1년만 애벌레 시기를 보내고 번식을 하는 매미와 2년의 애벌레 시기를 보내고 짝짓기를 하는 매미가 같은 종에 있다고 가정해보자. 그리고 이들이 번식을 할 때마다 평균 2마리의 자식이 살아남는다고 하자. 1년짜리 매미는 매년 개체수가 두 배씩 늘어 10년 뒤에는 2의 10제곱이 되어 1,024마리의 매미가 된다. 그러나 2년짜리 매미는 2년마다 두 배가 되니 2의 5제곱, 겨우 32마리일 뿐이다. 즉 2년짜리 매미는 종 전체에서 자연스럽게 퇴출될 수밖에 없다. 그렇다면 왜 이 매미들은 이토록

➡ 17년을 땅 속에서 사는 파라오 매미*Magicicada septendecim*

긴 시간을 애벌레로 보내는 걸까? 그리고 왜 이들의 애벌레 시기는 3, 5, 7, 11, 13, 17의 소수로만 나타나는 걸까? 완벽하게 밝혀지진 않았지만 이는 기생생물과의 긴 싸움의 결과물로 보인다.

말벌의 이야기에서 등장하듯이 애벌레 시기는 일생 중 가장 위험하다. 새라든가 육식성 곤충들이 눈이 벌게서 달려든다. 풀잎이나 나뭇잎 위에서 날 수도 없이 엉금엉금 기어 다니는 이 굼뜬 녀석은 좋은 먹잇감일 수밖에 없다. 나무를 타는 원숭이들에게도 좋은 먹잇감이고 설치류들도 즐겨먹는다. 거기에 애벌레들은 다양한 방법으로 대항을 한다. 매미들은 아예 땅 속으로 숨기로 한 모양이다. 매미의 알은 1년을 나무껍질 안쪽에서 있다가 다음 해 여름에 부화한다. 알에서 깨어난 애벌레는 땅으로 떨어진다. 그리곤 바로 땅을 파고 들어가 거기서 천적을 피하는 것이다. 하지만 땅속에는 애벌레들이 즐겨먹는 잎이 없다. 그래서 이들은 나무뿌리에 거처를 마련하곤 뿌리의 체관에 주둥이를 박고 수액을 먹으며 산다.

처음에는 매미들도 1년 만에 지상으로 다시 올라와 우화(羽化)를 통해 성충이 되었을 것이다. 그런데 아뿔싸! 매미에 기생하는 말벌 등의 생물들과 마주쳐서는 이들에게서 심각한 피해를 입는 것이다. 마침 기생생물의 생애주기와 매미의 생애주기가 비슷해서 더 심각했을 수도 있다. 그런데 일부 애벌레 중에는 돌연변이로 2년을 땅 속에서 살아버리는 경우도 있고, 3년을 땅 속에서 사는 경우도 있었다. 이들은 기생생물과 주기가 달라져 피해가 덜했다. 그래서 이런 변이를 가진 매미는 1년짜리보다 더 많이 번식할 수 있게 되었다. 1년을 더 땅 속에서 묵고 나오는 매미들이 더 많아졌다.

그러나 기생생물들에게도 변이는 일어난다. 2년짜리 매미에 맞췄다기보다는 변이를 통해 생애주기가 2년이 된 기생생물들은 더 많은 매미들에게 기생할 수 있게 되었고, 곧 이들도 기생종들 사이에서 주류가 되었다. 군비경쟁은 항상 이런 식이다. 매미들 중에서 다시 3년, 4년, 5년의 생애주기를 갖는 녀석들이 나오기 시작했고, 기생생물들도 3, 4, 5년짜리들이 등장했다. 이 기묘한, 그러나 절박한 경쟁은 7, 8, 9를 지나 10, 11, 12로도 나아갔다. 기생생물들이 이렇게 땅속에서 버티는 매미 대신 다른 생물을 선택하는 경우 이 경쟁은 짧게 끝난다. 3년, 5년짜리 정도가 안착이 된 것이다. 물론 일부 기생 생물들은 여전히 매미의 생애주기에 맞추겠지만 안정적인 번식이 가능하다면 어느 정도의 손실은 감수할 수 있다. 하지만 종다양성이 부족한 생태계에서는 사정이 다르다. 살기 힘든 곳에선 어떻게 해서든 버티는 것이 최선이다. 이런 곳에선 기생생물도 3년 4년을 따라잡는다. 그리고 짝수해로 올라오는 것은 매미들에게 별 의미가 없다. 만약 기생생물의 생애주기가 2년이면 매미가 4년, 6년, 8년을 땅 속에서 보내고 나와도 기생생물과 생애주기가 겹치게 된다. 따라서 3년, 5년, 7년 등 홀수 해만큼씩 있는 것이 유리한데 이 경우에도 6년, 9년, 12년, 15년은 3년 주기의 기생생물과 겹친다. 이렇게 겹치지 않는 주기가 3년, 5년, 7년, 11년, 13년, 17년의 소수로 된 주기다. 소수는 자기 자신과 1

이외에는 약수가 없는 수라서 기생생물이 17년을 버티지 않는 한 겹치지 않는 것이다.

이런 해석에 대해, 다른 천적과의 생애주기를 주장하는 경우도 있는데 이는 근거가 부족하다. 매미의 애벌레나 성충을 사냥하는 천적이라면 매미 이외의 다른 벌레를 충분히 사냥할 수 있다. 따라서 매미가 올라오지 않는 해에는 다른 녀석들을 먹고 살다가 매미가 올라오면 그때 한껏 더 먹을 수 있는 것뿐이다. 또한 매미들끼리의 경쟁 때문에 서로 따로 올라오게 되었다는 주장도 있다. 그러나 이것 역시 근거가 부족해 보이는 것은 마찬가지다. 매미의 먹이는 어차피 식물의 수액이고, 애벌레 상태로 뿌리에서 먹으나 성충의 형태로 줄기에서 먹으나 매한가지다. 그리고 짝짓기에 대해서도 이미 많은 매미들이 서로 내는 소리를 달리 해서 상대를 구분한다. 결국 가장 가능성 있는 것은 기생 생물과의 전쟁인 것이다.

1년이면 나올 수 있는 지상의 삶을 연기하고 17년을 땅 속에서 버티는 매미와, 매미로 하여금 17년의 땅 속 생활을 강제하는 기생생물과의 관계는 왜 기생생물과의 전쟁이 진화의 가장 중요한 요인이라고 주장하게 했는지를 짐작케 한다.

새에게 기생하는 새

새도 기생을 한다고 하면 갸우뚱할 것이다. 아니 새가 다른 기생충의 숙주가 되면 되었지 누구에게 기생을 하느냐고 의문을 가질 수 있다. 그런데 실제로 그런 새가 있다. 그것도 먼 외국의 우리가 잘 알지 못하는 희귀한 새가 아니라 역사 이래로 한반도에서 인간과 같이 살며 친숙한 새, 뻐꾸기다.

뻐꾸기는 알을 다른 새의 둥지에 낳는다. 그것도 같은 뻐꾸기가 아닌 자기보다 덩치도 적은 새들의 둥지를 주로 이용한다. 이렇게 다른 새의 둥지에 알을 낳는 것을 탁란托卵, brood parasite이라고 한다.

뻐꾸기는 다른 새의 둥지를 탐색하다가 어미 새가 갓 알을 낳은 둥지를 발견하면, 어미가 나간 사이에 둥지에 있던 알 하나를 둥지 밖으로 밀쳐내곤 자기 알을 낳는다. 졸지에 남의 둥지에 들어간 뻐꾸기의 알은 둥지 안의 다른 알들보다 하루나 이틀 정도 먼저 부화한다. 이를 위해 뻐꾸기 알은 어미의 뱃속에서 먼저 발생을 시작한다. 일반적으로 알은 어미가 낳고 나서 품기 시작하면 그 온도에 맞춰 발생을 시작하는데 뻐꾸기의 알은 그보다 먼저 발생을 시작하는 것이다.

열흘 정도 뒤 다른 알보다 먼저 부화한 뻐꾸기의 새끼는 주변의 알들을 밀쳐내서 떨어뜨린다. 알고서 하는 일이 아니다. 새끼는 주변에 차가운 물체가 닿으면 본능적으로 밀쳐내는 것이다. 그러나 둥지 안의 알을 밀쳐내는 일은 새끼에게 버거워 모두 치워버리지 못하는 경우도 많다. 그래도 뻐꾸기의 새끼는 포기하지 않는다. 이미 태어난 다른 새의 새끼들도 끊임없이 둥지 밖으로 밀쳐내어 결국 자기 혼자만 남는다. 뻐꾸기가 탁란하는 곳은 모두 자기보다 덩치가 작은 새들이다. 따라서 이들이 가져오는 먹이도 뻐꾸기 새끼에겐 혼자 먹어도 부족할 정도다. 이를 둥지의 다른

➡ 자신보다 덩치가 더 큰 뻐꾸기 새끼에게 먹이를 주고 있다.

아기 새들과 나눠 먹어선 도저히 정상적으로 자랄 수 없다. 그리하여 다른 새들을 모두 제거하고 무럭무럭 자라선, 어미새보다도 서너 배 이상 더 커지면 본격적으로 비행연습을 시작한다. 물론 비행연습조차도 양엄마와 함께 한다. 이렇게 한 달 정도를 보낸 뒤 비행에 완전히 익숙해지면 새끼는 양어미는 쳐다도 보지 않고 둥지를 떠난다. 길러준 은혜 따윈 신경도 쓰지 않는다.

뻐꾸기는 왜 탁란을 하게 되었을까? 이유는 자명하다. '계란을 한 바구니에 담지 말라'란 유명한 투자 격언처럼 자기 알을 여러 둥지에 낳게 되면 그만큼 위험 부담이 준다. 뻐꾸기는 한 번에 열 개가 넘는 알을 낳는다. 이 알들을 자기 활동 반경 안에 있는 새들의 둥지에 골고루 하나씩 놓는 것이다. 또 양육의 노고가 줄어드니 그만큼 더 빨리 짝짓기를 하고, 새로운 알을 낳을 수 있다. 번식에 있어선 탁월한 선택이라 아니할 수 없다.

그러나 장점만 있는 것은 아니다. 장점만 있다면 모든 새들이 다 탁란을 하려고 기를 쓸 터인데 실제로 탁란을 하는 새들은 전체의 1% 정도다. 일단 뻐꾸기의 알은 작다. 물론 비슷한 덩치의 다른 새들에 비해서다. 왜냐하면 탁란을 하는 둥지의 새들 크기가 작은 만큼 알들도 작기 때문이다. 최대한 그 알들과 비슷한 크기를 가지게 하려다보니 알의 크기가 작아졌다. 물론 그렇더라도 기본 덩치가 있으니 알의 크기가 약간씩 크기는 하다. 더구나 부화될 때까지 걸리는 시간도 다른 알들보다 조금 빠르게 맞춰야 한다. 그 말은 그만큼 작은 새끼가 태어난다는 것이고, 성장과정이 더 힘들다는 뜻이다. 또한 어떤 새들도 새끼를 키울 때 그저 먹이 먹이는 역할로만 끝나진 않는다. 즉 학습의 과정이 필요하다. 그런데 종이 다른 새들은 학습과정도 다를 터이니 이에 대한 대비가 없으면 큰일이다.

더구나 뻐꾸기의 알을 키우는 새들도 그냥 당하고 있지만은 않다. 그저 당하고만 있었다면 자기 자식들을 모두 잃을 터이니 아마 멸종을 해도 몇 번을 했을 것이다. 그러나 뻐꾸기가 탁란을 하는 둥지의 새들은 모두 멸종 위기종이 아니다. 오히려 꽤나 많은 개체수를 자랑하는 새들이다. 즉 이들도 대책을 세운다는 것이다.

일단 이 새들은 뻐꾸기가 자기들이 사는 영역에 들어오면 힘을 합쳐서 뻐꾸기를 공격한다. 덩치는 뻐꾸기가 훨씬 더 크지만 원래 맹금류가 아닌데다가 떼를 지어 공격하면 당할 재간이 없다. 그리고 한두 번 탁란을 당한 새들은 그로부터 배운다. 처음에는 뭣도 모르고 키우지만 두세 번 반복되면 이들도 자기 알과 뻐꾸기 알을, 그리고 자기 새끼와 뻐꾸기의 새끼를 구별한다. 색깔이나 모양이 다른 알을 밀쳐 내거나, 실수로 부화하면 아예 둥지를 버리는 경우도 종종 있다. 물론 여기에 맞춰 뻐꾸기도 진화를 한다. 처음 탁란을 하는 뻐꾸기의 알은 청색인데 반해 이렇게 몇 번 탁란에 실패한 지역의 뻐꾸기의 알은 양육할 어미 새의 알과 비슷하게 색을 바꾼다. 더구나 자기가 알을 낳은 둥지들을 순찰하다가 자기 알을 없애버린 둥지를 발견하면 완전히 망쳐놓는 식으로 적반하장의 패악을 부리기도 한다. 어찌되었건 같은 새에게 몇 번씩 탁란을 할 순 없는 것이다. 즉 뻐꾸기는 한 곳에 정착할 수 없고 여러 곳을 전전해야 한다. 물론 철새이니 봄에 한반도에 찾아와 가을이 되면 떠나기는 하지만 다른 철새들이 항상 같은 곳을 찾아오는 것에 비해, 다른 장소들을 찾아다녀야 하는 부박한 떠돌이의 삶인 것이다. 더구나 이런 생활을 계속하다보니 덩치는 큰데 다리의 힘은 약하다. 주로 둥지를 만드는 재료가 되는 나뭇가지 등의 재료를 옮기는 데 필요한 다리 근육을 사용하지 않다보니 약해진 것이다. 더구나 뻐꾸기의 덩치는 맹금류에 맞먹는데 어릴 때부터 작은 새에게 양육되면서 먹는 거라곤 곤충이나 다른 작은 벌레다. 커서도 이런 식습관을 고칠 수 없다. 탁란의 결과 비행을 하는 것도 작은 새들에게 배우다 보니 비행실력이 처지기도 하고, 또 어려서부터 벌레 등 작은 새의 주식을 먹는 것에 익숙해진 결과일 수 있겠다. 그리고 알을 품고 새끼를 기르는 능력은 아예 결핍되어 버렸다. 편하자고 한 일이 자신을 옥죄게 된 것이다.

뻐꾸기가 탁란을 하는 새는 뱁새, 멧새, 때까치, 종달새, 노랑할미새, 휘파람새, 산솔새, 개개비 등 자기보다 덩치가 작은 새들이다. 이때 어느 새를 고르는가는 개체에 따라 다르다. 같은 종이더라도 종다리에게 탁란을 하는 뻐꾸기는 항상 종다리에게만, 때까치에게 탁란을 하는 뻐꾸기는 때까치에게만 한다. 그리고 이렇게 해서 낳은 자식 중 암컷은 자신을 키워준 어미와 같은 종의 새에게 또 탁란을 한다. 즉 종다리 둥지에서 자란 암컷은 어느 수컷과 짝짓기를 했는지에 상관없이 자기도 종다리에게 탁란을 한다는 것이다. 종다리의 입장에선 대대손손 원수라 할 수 있다. 이는 유전적 요인일 수도 있지만 그것보다는 자신이 어느 새를 양어미로 두었는지에 따른 학습효과일 가능성이 더 큰 것으로 보인다.

탁란을 하는 새가 뻐꾸기만 있는 것은 아니다. 아메리카의 카우새, 검은머리오리, 아프리카의 천이조, 벌꿀길잡이새 등도 탁란을 한다. 현재 관찰된 바로는 102종의 새들이 탁란을 하는데 조류 전체로는 약 1% 정도 된다. 그중 뻐꾸기의 경우 총 140종의 뻐꾸기 속 중 30종 정도가 탁란을 하여 가장 대표적이라 할 수 있다.

뻐꾸기의 이런 행동은 사람들에게 꽤 반감을 산다. 실제 몇 년 전에 지상파 방송에서 뻐꾸기의 탁란에 대한 다큐멘터리가 방영된 직후 뻐꾸기시계의 매출량이 눈에 띄게 줄었다는 기사가 있다. 괜한 시계제조업자만 피해를 입었다. 다른 기생체들과 마찬가지로 이들 뻐꾸기에 대해서도 우리 인간이 가치 판단을 할 이유는 없다. 진화의 과정에서 가장 자손을 많이 낳는 방식으로 진화한 종들만 살아남은 것뿐이다.

기생과 공생의
애매한 경계

　세포내 공생이론으로 유명한 린 마굴리스의 책 '마이크로 코스모스'에 한국인으로서는 유일하게 등장하는 사람이 있다. 미국 테네시 대학 교수 전광우 박사다. 세포생물학을 전공했고 주로 아메바에 대해 연구하였다. 전 세계의 아메바를 수집하여 연구하던 그는 우연히 1960년대 말에 수집된 것 중 세균에 감염된 아메바를 발견하게 된다. 이 세균은 아메바에 꽤나 치명적이었던지 그의 실험실에 있던 다른 아메바까지도 감염시키고 그 대부분을 죽음에 이르게 한다.

　그런데 그중 몇 개체의 아메바가 감염된 채로 살아남았다. 전광우 박사는 이 아메바를 계속 증식시키며 관찰하였다. 처음 감염된 아메바들은 건강한 아메바에 비해 활동성도 부족하고 분열도 간헐적으로 하는 등 대단히 약한 면모를 보였다. 그러나 몇 세대를 거듭하자 이들 아메바도 감염되지 않은 아메바만큼 건강한 모습을 모였다. 그러나 이들의 몸속에서 세균이 없어진 것은 아니었다. 현미경으로 관찰한 결과 이들 세균은 아메바의 세포핵에서는 발견되지 않았지만 세포질에서는 여전히 잘 살고 있었다.

이어진 실험들은 더 놀라운 결과를 보여주었다. 이런 단세포 원생생물의 경우 세포에서 핵을 추출해 다른 세포의 핵을 꺼낸 뒤 대신 넣어주어도 별 무리 없이 산다. 그는 감염된 아메바와 감염되지 않은 아메바의 핵을 꺼내 다른 아메바의 핵을 제거한 뒤 이식시켜보았다. 감염되지 않은 아메바의 핵을 이식한 경우, 이식받은 아메바가 감염되었든 감염되지 않았든 모두 건강하게 살아남았다. 그러나 감염된 아메바의 핵을 감염되지 않은 세포질에 이식한 경우 제대로 증식을 하지도 못하고 오래 살지도 못했다.

뒤이은 실험에서 감염된 아메바의 핵을 이식한 감염되지 않은 세포질, 감염된 아메바의 세포질에서 추출한 물질을 주사로 주입했더니 다시 활기를 되찾는 것도 볼 수 있었다. 즉 감염된 아메바의 핵에 무엇인가 변화가 있었다는 것이다.

이어진 실험에선 감염된 채로도 활발하게 사는 아메바의 세포질에서 추출한 세균을 감염되지 않은 아메바의 세포질에 주입해봤다. 이 경우 세균은 아메바에게 어떠한 악영향도 끼치지 않았다. 첫 감염에서 아메바 대부분을 죽였던 독성이 사라진 것이다.

그리고 이어진 실험은 항생제 투여였다. 이 항생제는 박테리아 같은 원핵생물의 리보솜에만 작용하는 것이라 세균만 선택적으로 죽이고, 아메바와 같은 진핵생물에게는 별 영향을 끼치지 않는다. 따라서 원래대로라면 이 항생제를 투여한 아메바는 세균 없이 건강하게 살 수 있어야 한다. 그러나 항생제를 투여한 감염된 아메바는 모두 죽어버렸다. 이제 세균 없이는 살 수 없는 몸이 된 것이다.

실제 실험을 통해 세포내 공생이 이루어진 것을 밝혀냈다는 점에서 대단히 중요했고, 따라서 마굴리스도 자신의 책에서 이를 세포내 공생의 증거로 소개했다.

그러나 그 외에도 주목할 점이 있다. 마치 불구대천의 원수처럼 싸우던 두 종이 적절하게 타협을 하는 과정을 통해서 기생이 공생으로 자연스럽게 변하는 과정을 볼 수 있다는 것이다. 즉 공생과 기생은 그 경계가 불분명하며 서로 왔다갔다 한다는 이야기다.

실제로 이런 기생과 공생의 경계에 있는 다양한 관계는 생태계의 곳곳에 있다.

먼저 아카시아나무와 개미의 예가 있다. 아프리카의 아카시아나무에게 있어 가장 큰 적은 잎을 노리는 곤충 애벌레와 초식동물이다. 이들을 방어하기 위해 아래쪽 잎에 가시도 만들고 잘 씹히지 않게 질기고 두껍게도 만들어봤으나 큰 소용이 없었다. 그래서 이들은 보디가드로 개미를 불렀다. 개미들은 아카시아나무의 뻥 뚫린 가지 속에 자신들의 집을 짓고 산다. 아카시아나무는 또 이들을 위해 가지 곳곳에서 꿀물을 샘솟게 한다. 사실 이는 쉬운 일이다. 체관의 일부를 표피와 연결하기만 하면 된다. 이렇게 숙식을 제공받은 대가로 개미는 아카시아나무에 달려드는 기린이나 다른 초식동물들을 맹렬하게 공격한다. 개미의 공격에 죽기야 하겠냐만 개미가 없는 나무의 잎을 먹으면 되는데 굳이 개미의 표독한 공격을 받으며 아카시아나무를 먹을 일은 없다. 곤충의 애벌레는 애초에 개미 상대도 되지 않는다. 아카시아나무는 가시를 만들거나 잎을 두껍게 질기게 만들 에너지로 개미에게 보호비용을 주는 것이니 훨씬 이득이다. 이렇게 아름다운 공생일 것 같은 둘의 관계는 그러나 영원하지는 않다.

아카시아나무에 대한 곤충과 초식동물의 공격이 줄어들면 아카시아나무는 가지에서 내놓는 수액의 양을 점점 줄여버린다. 필요 없으니 해고란 말이다. 그냥 당할 개미가 아니다. 이렇게 되면 개미는 또 찾아온 진딧물을 보호하기 시작한다. 나무가 꿀물을 주지 않으면 진딧물에게 나무의 수액을 먹이고 대신 꿀물을 받겠다는 심산이다. 아름다웠던 둘의 관계는 이제 원수가 된다.

에이즈바이러스AIDS의 예도 그러하다. 에이즈바이러스는 원래 중부 아프리카의 원숭이들에게서 옮겨온 것이다. 그런데 원래의 숙주였던 원숭이들은 이 바이러스에 별 영향을 받지 않는다. 인간에게만 치명적인 것이다. 원숭이와 바이러스는 최소한 수천 년 이상의 오랜 시간 동안 동거해온 관계이기 때문이다. 앞서의 아메바와 세균의 관

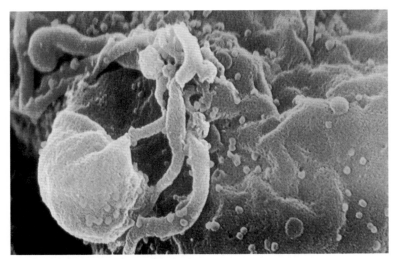

➡ 녹색의 작은 결정이 인간면역결핍바이러스(HIV)

계처럼 원숭이와 바이러스도 처음에는 엄청난 혈투를 벌였을 것이다. 원숭이는 원숭이대로, 바이러스는 바이러스대로 그 과정에서 변화를 겪는다. 자신의 숙주를 죽인 바이러스는 갈 곳이 없다. 원래 바이러스는 살아 있는 생물에게서만 번식에 필요한 DNA 혹은 RNA와 여러 효소를 얻을 수 있다.[16] 그러니 숙주가 죽으면 바이러스도 상당히 곤란해진다. 오히려 숙주에 대한 공격성이 적은 바이러스의 경우 숙주가 오래 살아남으니 더 많은 자손을 퍼트릴 수 있다. 숙주도 바이러스에 대한 면역 체계가 점차 발달한다. 이런 과정을 거쳐 둘은 공진화하여 결국 없으면 좋으나 있어도 큰 상관은 없는 관계가 되었

16 이렇게 살아있는 생물에만 기생할 수 있는 것을 활물기생이라고 한다.

다. 그러나 인간은 에이즈바이러스 입장에서도 처음이다. 그래서 다시 대판 싸움이 붙은 것이다.

얼마 전 에이즈바이러스에 대해 선천적인 면역을 지닌 사람에 대한 보고가 있었다. 아마 에이즈바이러스가 지금처럼 광범위하게 그리고 오랫동안 인간 사회에서 유행이 된다면 자연스럽게 그에 대한 면역력을 가진 사람들이 나타나고 이들의 유전자가 퍼져서 꽤 많은 이들이 에이즈는 별 거 아니라는 식의 삶을 살 수 있을 지도 모른다. 이는 근거 없는 희망만은 아니다. 페스트의 경우도 그렇다. 중세 유럽을 공포로 이끌었던 페스트는 원래 아시아 북동쪽의 사막에서 시작해 구대륙 전체를 지배했던 몽고군을 따라 전파된 세균이다. 그러나 정작 이 세균의 본산인 몽고에서는 페스트가 그리 위협적이지 않다. 최소한 몇백 년 이상을 같이 살아오면서 몽고족들도 이 세균에 적응이 된 것이다. 이런 예는 숱하게 있다. 남아메리카에 처음 유럽인들이 진출했을 때, 남아메리카의 원주민에게 끔찍했던 것은 스페인군의 학살만이 아니었다. 그들이 가지고온 병원균들은 그에 대한 항체가 없는 원주민들에게 죽음의 공포였다. 유럽인들은 이미 체내에 이들에 대한 항체가 형성되어 있어 이런 병원균들이 큰 위협이 아니었지만 아메리카 원주민들에게는 치명적이었던 것이다.

감기도 그러하다. 감기는 우리가 흔하게 겪는 바이러스성 질환인데 대부분의 사람은 2~3일 고생하다 끝난다. 사람도 감기바이러스에 대해 적응을 했고, 반대로 감기바이러스도 인간에게 적응을 했기 때문이다. 간혹 면역력이 아주 낮아진 고령층이나 신생아들의 경우 폐렴으로 전이가 되어 목숨에 문제가 생기는 정도다. 이 역시 수천 년을 같이 살아온 결과다.

숙주-기생 관계였다가 편리공생으로, 그리고 더 나아가 상리공생이 되는 경우도 있고, 평생 함께할 것처럼 같이 살다가 불구대천의 원수가 되는 경우도 있다. 결국 인간 세상의 숱한 나라들이 보여주는 것처럼 생태계에는 영원한 적도, 영원한 동맹도 없는 것이다.

05
포식과 피식 그리고 경쟁

미움이 있는 곳에 사랑을, | 다툼이 있는 곳에 용서를,
분열이 있는 곳에 일치를, | 의혹이 있는 곳에 신앙을,
절망이 있는 곳에 희망을

"평화를 위한 기도", 성 프란체스코

　생태계를 구성하는 기본 원리는 포식이다. 식물을 먹고, 다른 동물을 먹는다. 이 먹고 먹히는 과정에서 서로간의 관계가 정해진다. 우리에겐 포식이 나쁜 것, 매정한 것이란 인식이 있지만 사실 포식이야말로 생태계를 건강하게 유지시키는 가장 중요한 일 중 하나다. 최종포식자가 사라진 곳에선 생태계가 무너진다. 멀리 갈 것도 없다. 요새 도심에 자주 출몰하는 멧돼지를 생각해보라. 멧돼지도 인간을 두려워한다. 웬만하면 인간이 사는 곳에 나오고 싶지 않다. 하지만 산 속에 곰이나 호랑이 같은 천적이 없으니 개체 수가 늘어난다. 개체 수가 늘어나니 먹이가 부족하고, 먹이가 부족하니 어쩔 수 없이 인간이 있는 곳으로 내려오는 것이다. 어떤 종이 환경에 적응을 잘해 개체 수가 늘어나면, 그 개체를 먹고 사는 포식종의 개체수도 늘어난다. 이를 통해 생태계의 균형이 잡히고, 종다양성이 유지된다.

　하지만 먹히는 쪽에선 그런 생각을 할 여유가 없다. 당장 눈앞에서 이빨을 드러내는 천적을 마주치면 최선을 다해 도망치고 숨을 뿐이다. 사냥꾼의 입장도 마찬가지다. 눈앞의 먹이를 놓치면 굶어야 한다. 어떻게든 기척을 숨기고 다가가 단번에 숨통을 끊어야 한다. 이 먹고 먹히는 관계는 개체별 차이를 극명하게 드러낸다. 그리고 개체별 차이는 진화로 연결된다.

　숲에 사는 호랑이는 은밀하게 기척을 숨기고 사냥을 한다. 먹잇감에

게 쉽게 드러나는 호랑이는 사냥을 할 수가 없다. 그래서 줄무늬가 나무 사이의 호랑이를 숨겨주도록 진화가 된다. 고양이과 동물의 발바닥에 있는 젤리는 걸을 때 발소리가 들리지 않게 한다. 은밀함을 위한 진화다.

먹잇감 사이에서도 경쟁은 필수다. 아프리카 초원의 사슴은 얼마나 빨라야 사자를 피할 수 있을까? 사자보다 빠를 필요는 없다. 바로 옆의 사슴보다만 빠르면 된다. 늦는 사슴은 잡아먹히고 빠른 사슴은 산다. 살아남은 사슴은 번식을 하고, 그래서 사슴은 점차 빨라졌다. 잠자리는 곤충계의 포식동물이다. 이들이 노리는 먹이는 여러 가지다. 애벌레들도 좋은 먹잇감이다. 어느 나비의 애벌레인지는 신경도 쓰지 않는다. 잠자리의 눈에 띄지 않게 잘 숨은 애벌레는 성충이 되어 번식을 하고, 숨지 못하여 잡아먹히는 종은 천천히 멸종해간다. 사냥꾼들 사이에서도 경쟁이 일어난다. 아프리카의 초원에는 사자, 하이에나, 치타들이 경쟁을 한다. 이 경쟁에서 뒤지는 치타는 천천히 멸종을 향해 다가간다. 박쥐는 새들과의 경쟁에서 뒤지자 멸종을 피해 밤으로 시간을 옮겼다.

이렇듯 포식과 피식, 경쟁은 대상자 모두에게 진화를 일으키는 공진화의 동력이다.

먹잇감이 사냥꾼을
결정한다

고양이가 높은 곳에서 떨어져도 죽거나 다치지 않는 이유는 그들이 숲에서 나무를 타며 살았기 때문이다. 숲에서의 사냥은 또한 이들을 독신주의자로 만들었다. 숲에선 모두 홀로 다닌다. 이들의 사냥법은 열심히 달려가서 잡는 것이 아니라 숲의 어둠 속에 조용히 숨어 있다가 길목을 지나가는 먹잇감을 순식간에 덮치는 것이다. 그리곤 억센 이빨로 경동맥을 물어 뇌로 가는 피의 흐름을 차단한다. 순간을 다투는 민첩함과 강한 턱이 이들의 가장 중요한 무기다. 그래서 고양이과 동물들은 머리가 대부분 크다. 아래턱이 발달했기 때문이다. 그리고 야행성이며, 나무를 잘 탄다. 고양이뿐만이 아니라 표범도 재규어도 모두 나무 타기 선수들이다. 그리고 아들의 발바닥에는 소리를 죽이기 위한 젤리[17]가 있다. 모두 숲의 삶에 맞춰서 진화가 된 모습이다. 사자는 이런 고양이과 포유류 중 유일하게 떼를 지어 다닌다.

　사자도 처음엔 혼자 다녔을 것이다. 이들의 조상은 아시아에 살았던 큰 고양이과 동물이었다. 신생대 중기 아프리카가 북진을 하면서 마침내 수에즈지협을 통해서 아시아와 이어졌다. 그 좁은 통로를 따라 소와 영양들이 이주를 해왔다. 그리고 그 뒤를 따라 초식동물을 먹이로 삼는 포식동물들도 같이 이주를 했다. 그들이 이주할 당시 아프리카는 대륙의 대부분이 열대우림이었다. 사하라사막도 푸르디푸른 곳이었다. 그러나 이들이 아프리카로 이주한 이후 사정이 바뀌었다. 아프리카의 왼쪽 위에는 아틀라스 산맥이 솟으면서 대서양에서 불어오는 습기를 머금은 바람을 막아버린다. 또한 수에즈부터 아래쪽으로 아프리카를 양분하는 그레이트리프트밸리가 형성된다. 아프리카를 찢으며 바다가 생성되는 이곳이 솟아오르면서 고원지역이 형성된다. 인도양에서 불어오는 습한 바람도 또한 차단이 된다. 사하라가 사막이 되고 사막 주변은 초원이 되었다.

　숲이 초원이 되면서 그곳에 사는 동물들도 환경에 자신을 맞춰야 했다. 사자의 조상들도 마찬가지였다. 먹잇감이라곤 푸른 초원에

---

17 원래 정확한 명칭은 발볼록살이다. 발바닥에 털이 없이 노출된 볼록한 살부분을 이르는 말이다. '육구'라고도 하나 이는 일본에서 전해진 용어다. 영어로는 pawpad라고 한다. 고양이과 동물 이외에도 개과나 곰의 경우도 있다.

➥ 초원의 사자 무리

떼를 지어 다니는 대형 초식동물들밖에 없었다. 이들을 사냥하려니 사자도 어쩔 수 없이 떼를 지어 다니게 되었다. 혼자서는 도저히 사냥을 할 수가 없기 때문이다. 평소에는 혼자 살다가 사냥할 때만 모인다? 사자의 사냥은 실패할 확률이 성공하는 경우보다 훨씬 높다. 그래서 사자는 매일 사냥을 한다. 국가대표 선수들처럼 간헐적으로만 모이는 것은 불가능하다. 자연스레 여럿이 모여 집단생활을 하게 된다. 이러한 변화는 사자들이 새끼를 기르는 방식도 바꿔버렸다. 사자들은 암컷 여럿이 모여 공동으로 사냥을 하고, 공동으로 새끼를 기른다. 이들 무리를 흔히 'pride'라고 한다. 새끼사자들은 자기 엄마와 여러 이모들에 둘러싸여 자라는 것이다. 젖을 먹일 때도 자기 자식이 우선이긴 하지만 다른 자식들에게도 나눈다. 사냥을 갈 때 한 마리 정도가 남아 새끼들을 지키기도 한다. 수컷들도 서너 마리가 떼를 지어 다니면서 암컷들의 공동체와 만나게 되면 일정 기간 동안 공동생활을 한다. 물론 수컷들은 사냥에는 잘 참여하지 않고 그저 다른 사자 수컷들이 자기 영역에 오지 못하도록 감시하고 위협하는 노릇만 한다.

아프리카의 초원을 대표하는 육식동물로는 하이에나를 빼놓을 수 없다. 하이에나는 아시아 평원지역에서 늑대가 하는 역할을 아프리카에서 하고 있다. 그리고 모습도 들개와 비슷하게 보여서 개과로 오해하기 쉽다. 그러나 하이에나는 개보다는 고양이에 가깝다. 하이에나는 분류학상 고양이아목 사향고양이하목 몽구스상과의 하이에나과에 속한다. 즉 넓은 의미의 고양이쪽 동물이다. 그들의 가장 가까운 친척은 몽구스이고 그 다음은 사향고양이다. 친척들은 대부분 숲에 살며 따라서 번식 기간을 제외하곤 대부분 혼자 사냥을 하고 홀로 삶을 산다. 그러나 하이에나는 초원이 되어버린 아프리카에 살다보니 집단 사냥밖에 할 수가 없고 결국 어쩔 수 없이 늑대와 같은 집단 생활을 하는 모습으로 진화가 된 것이다. 이들도 사냥의 우두머리는 암컷이다. 다만 사자와 다른 점은 사냥에 나머지 수컷도 같이 참여한다는 점이다. 적어도 이 점에 있어선 사자보다 낫다.

현재 육상 동물 중 그 크기가 가장 큰 것은 코끼리다. 그리고 그 다음을 고르면 코뿔소이고 뒤이어 소와 기린과 같은 초식동물이다. 우리가 좋아하는 야생동물 중 꽤 높은 순위를 차지하는 종들이다. 원래 인간은 커다란 동물을 무서워도 하지만 동경하기도 한다. 하지만 덩치를 키우는 것은 사실 별로 좋은 선택이 아니다. 어쩔 수 없는 선택일 뿐이다. 개체의 입장에서 또 유전자의 입장에서 보면 최대한 많은 개체를 퍼트리는 것이 유리한 일이다. 더구나 환경이 변하면 덩치가 큰 동물들이 우선적으로 치명적인 피해를 입으며, 가장 먼저 멸종된다. 지구의 역사상 있었던 5번의 대멸종 사건에서 예외 없이 육상의 대형 동물들은 초식과 육식을 가리지 않고 모두 멸종되었다.[18]

덩치가 큰 동물들은 일단 새끼를 많이 낳지 못한다. 큰 동물들은 새끼도 큰 편이라 한 배에 많은 새끼를 낳을 수가 없다. 쥐는 한 번에 열 몇 마리의 새끼를 낳고 고양이와 개도 한 번에 대여섯 마리를 낳지만 코끼리와 호랑이 등은 한 번에 기껏해야 한두 마리를 낳을 뿐이다.

그리고 새끼가 커서 다시 번식을 할 때까지 걸리는 기간이 길다. 쥐는 태어나서 한 달이면 새끼를 밸 수 있지만 코끼리나 호랑이는 몇 년이 걸린다. 새끼를 양육하는 기간이 길다 보니 매년 새끼를 낳을 수도 없다. 아무리 새끼를 뱃속에서 오래 기른다 해도 크기에 한계가 있기 마련이다. 그 작은 녀석들이 크려면 시간이 걸린다. 더구나 이들은 모여서 생활하는 생물들이 아닌가? 본능이 아닌 학습을 통해 배워

---

18 지구 역사를 보면 고생대 오르도비스기와 실루리아기 사이, 데본기와 석탄기 사이, 페름기와 중생대 트라이어스기 사이, 트라이어스기와 쥐라기 사이, 백악기와 신생대 사이 총 다섯 번의 대멸종 사건이 있었다. 그 때마다 모든 최상위 포식자와 덩치 큰 육상 생물들은 예외 없이 멸종했다. 자세한 내용은 『멸종: 생명진화의 끝과 시작』 (MID) 참조.

야 하는 일들이 많다. 결국 개체수가 다른 생물들에 비해서 현격하게 적어지다 보니 한 마리가 죽는 것도 전체에 대한 타격이 크다.

인도코끼리가 좋은 예다. 인도코끼리는 아프리카에서 이주했지만 다시 숲 속으로 들어가서는 크기가 작아졌다. 다른 생물들도 마찬가지다. 진화의 과정에서 다른 조건이 같다면 개체의 크기가 작아지는 것이 대부분 유리하다. 신생대 초의 거대 포유류들이 공룡이 떠난 지구의 지상을 지배했지만 모두 멸종하고 현재의 크기로 줄어든 것도 같은 이유일 것이다. 결국 이 모든 약점에도 불구하고 크기를 키우는 건 그 나름의 이유가 있을 때이다.

초원의 초식동물들은 그러면 왜 덩치가 커졌을까? 이들은 모두 초원에서 산다. 앞서 기술했듯이 초원은 포식자들에게서 숨을 곳이 없는 장소다. 결국 항상 위험에 노출된 상태에서 살아야한다. 당연히 떼를 지어 다니며 스스로를 방어하지만 결국 개체의 덩치가 커지는 것이 중요할 수밖에 없다. 또 하나 이들이 먹는 풀은 소화하기가 힘들다. 위나 소장에 넣어두고 천천히 소화를 시켜야 한다. 더구나 영양가도 부족해서 먹어야 할 양도 많다. 이들의 뱃속에는 몇 킬로그램이 넘는 풀이 들어있다. 이런 내장기관을 가지고 움직이려면 아무래도 덩치가 커지는 것이 유리하다. 실제로 포유동물 중 풀을 먹는 작은 초식동물은 머리 속에 쉽게 떠오르지 않는다. 토끼 정도나 있을까? 숲에선 다람쥐라든가 청설모 등이 떠오른다. 그 정도 말고는 실제로 없다. 우리나라의 포유동물은 바다의 고래와 물개까지 합쳐서 총 102

종 정도인데 그중 소형 초식동물은 위에 열거한 세 종밖에 없다. 더구나 청설모나 다람쥐는 잎을 먹는 동물이 아니라 도토리 같은 견과류를 주로 먹는다. 소화시키기 어려운 풀을 먹고 그에 따라 소화기관이 길어야 되는 특성상 어쩔 수 없는 일이다. 또한 체구가 작은 동물들은 대부분 활발하게 움직여야 하는데 이에 필요한 에너지를 풀만 가지고 확보하기 힘들다. 그래서 소형 동물은 대부분 잡식성이 될 수밖에 없다. 오소리, 너구리 등 우리가 육식동물로 알고 있는 작은 동물들은 사실 새알에서 견과류, 꿀, 과일 등 닥치는 대로 먹는 잡식성 동물이다.

어찌되었건 풀을 먹는 생태적 역할을 맡은 초식동물들은 덩치가 커졌고, 초원에서는 집단을 이루는 사회성 동물이 되었다. 이렇게 먹잇감의 특성이 정해지자, 그 먹이를 사냥해야하는 포식자의 특성도 정해지게 된다. 결국 먹이가 사냥꾼을 정하는 것이다.

우리의 밤은
당신의 낮보다 아름답다

나비는 신생대의 가장 멋진 생물 중 하나다. 벌과 함께 곤충 중
에서도, 절지동물 중에서도, 그리고 동물계 중에서도 가장 다양한 종
을 자랑하는데 그 대부분이 신생대에 진화했다. 종만 많은 것이 아니
라 개체수도 엄청나게 늘어났다. 그에 따라 대부분 꿀을 빨아먹으며
살지만, 꿀 이외에도 빨 수 있는 먹이가 있다면 가리지 않는다. 대표
적으로 시체에 찾아드는 나비들이 있다. 시체가 썩으면 그 곳의 즙을
빨아먹는 것이다. 그리고 식물의 줄기에 난 상처를 통해 흘러나오는
즙을 빨기도 한다. 나비의 구기(口器)[19]는 빨대처럼 생겨서 이렇게 즙
을 빨아먹기에 최적화되어 있다.

워낙 종류도 많고 개체수도 많으니 다른 동물들의 먹잇감으로도 꽤나 인기가 있다. 새들이 대표적이고 다른 곤충이나 거미들도 나비를 애용(?)한다. 이런 천적을 피하기 위해 나비들은 다양한 방법을 모색한다.

그리고 그중 한 무리는 아예 활동 시간을 변경했다. 천적의 눈에 잘 띄는 낮에는 어두운 곳에 숨어 있다가 밤이 되면 날아오르는 것이다. 이런 변화는 꽤나 성공적이어서 나비목 중 꽤 많은 종류가 나방이다. 밤의 시작은 바로 이들 나방이었다.

이렇게 밤으로 활동시간을 옮기면서 많은 나방들이 비슷한 방향의 진화를 이룬다. 먼저 날개와 몸통에 털이 수북해졌다. 당연히 체온을 유지하기 위해서다. 낮과 달리 기온이 떨어지는 밤에 주로 활동하다 보니 이루어진 변화다. 몸통도 나비는 길고 가는 반면 나방은 두껍고 뭉툭하다. 여러 요인이 있겠으나 가장 중요한 이유는 체온 유지에 도움이 되는 체형이기 때문이다.

그리고 날개를 접지 않고 펼친 채로 앉는다. 나비는 꽃이나 잎에 앉을 때 날개를 접는다. 나비를 주로 사냥하는 새들은 하늘에서 나비를 살펴보게 되는데 하늘에서 볼 때 날개를 접으면 그 끝단 밖에 보이지 않아서 펼치고 앉을 때보다 훨씬 눈에 덜 띄기 때문이다. 그러나 밤에 활동하는 나방의 경우에는 그럴 일이 없다. 더구나 낮에 숨

---

19 절지동물이 음식을 섭취하는 기관, 즉 입을 구기라고 한다.

➡ 나방

어있을 때는 주로 잎들로 둘러싸인 어두운 곳의 나뭇가지에 앉아있
는데 이때 날개를 접는 것은 오히려 다른 천적들의 눈에 쉽게 띄는
것이다. 그래서 나방은 날개를 펼치고 앉는다. 대신 날개의 색이나 무
늬가 나뭇가지와 비슷하게 진화했다.

　　낮을 피해 밤으로 이동한 또 하나의 생물이 있다. 박쥐다. 박쥐의
경쟁상대는 같이 하늘을 나는 새들이다. 새는 중생대에 공룡의 일부
가 진화한 것이고, 중생대 말에 익룡과의 경쟁에서 이기고 하늘을 지
배하기 시작했다. 박쥐는 신생대 중간쯤 되어서야 겨우 날게 되었다.
이 신참자는 그러나 이미 하늘을 장악한 새들과의 경쟁을 이겨낼 재
간이 없었다. 그래서 박쥐는 어두운 밤을 날 수밖에 없었다.

이렇게 밤에 나는 박쥐는 크게 두 종류로 나뉜다. 큰박쥐와 작은박쥐다. 큰박쥐는 따로 과일박쥐라고도 하는데 말 그대로 과일을 주식으로 삼는다. 과수원을 하는 사람들에게 피해를 주는 것은 이 큰박쥐들이다. 그러나 이들은 박쥐 전체로 봤을 때 소수이고, 대부분의 박쥐는 벌레를 주식으로 하는 작은박쥐다. 앞서 새들의 진화에 대해서 서술할 때도 썼던 것처럼 하늘을 나는 일은 많은 부분을 포기하는 것이다. 따라서 소화시간이 길고, 소화기관을 길게 가져야 하는 초식성 동물은 일단 날 수 없다. 박쥐의 조상도 나무에서 벌레를 잡아먹던 식충류의 일부였을 것으로 알려져 있다.

어찌되었건 박쥐는 낮을 피해 밤을 날아 벌레를 잡아먹어야 한다. 그러나 대부분의 벌레들은 밤 시간에 휴식을 취하고, 움직이더라도 나뭇잎이나 풀잎사이를 다닌다. 어두운 밤을 날면서 이들을 찾아내어 잡아먹기란 불가능에 가깝다. 그러나 먹이가 없었다면 아무리 새들과의 경쟁이 버거워도 밤에 날지는 않았을 터. 박쥐에게도 사냥할 먹이는 있는데 바로 밤에 날아다니는 날벌레들이다. 그리고 그중 가장 대표적인 것이 나방이다. 나비와의 경쟁을 피해, 새와 같은 천적을 피해 밤으로 이동한 나방의 입장에서는 통곡을 할 노릇이지만 먹고 살기가 힘든 것은 박쥐도 마찬가지다.

하지만 어떻게 나방을 잡아먹을 것이냐는 문제는 여전히 박쥐에게 남아있었다. 어두운 곳에서 조심스레 날아다니는 나방을 빛이라곤 없는 한밤중에 어떻게 찾아낸단 말인가? 박쥐는 이 지극한 어려움에 맞서 38억 년 지구 생명의 역사에서 단 두 번 밖에 성취하지 못한 일을 해낸다. 바로 초음파를 쏴서 그것이 반사되는 파동을 파악하는 반향정위를 스스로의 힘으로 이루어낸 것이다. 돌고래와 함께 박쥐만이 유이하게 이용하는 반향정위는 사실 감각의 역사에서 대단히 특출난 존재다. 다른 감각기관은 수동적이다. 물론 귀를 움직이기도 하고, 혀를 날름거리기도 하지만 기본적으로 모든 감각기관은 외부에서 주어진 자극을 수용하는 것이다. 하지만 반향정위는 반대로 내가 쏘아 보낸 음파가 반사되는 것을 다시 파악하는 것이니 대단히 능동적인 행위다. 이 말은 그만큼 진화의 과정이 어렵기도 하거니와 비용이 많이 든다는 이야기다. 인간은 박쥐의 반향정위를 본 딴 초음파를 이용한 소나를 20세기가 되어서야 개발했다.

여러분들이 노래방에 가서 노래 부르던 경험을 생각해보시라. 친

➡ 밤하늘을 날고 있는 박쥐

구들에게 폼을 좀 잡으려고 고음으로 끝없이 올라가는 노래를 부르곤 탈진해버린 분들이 적지 않을 것이다. 왜 그런가? 파동에서 음의 높이가 높다는 것은 진동수가 많다는 이야기다. 즉 1초에 진동하는 횟수가 많은 것이니 그만큼 많은 에너지를 단기간에 소화해야 하는 것이다. 그런데 초음파는 일반적인 소리보다 더 많은 진동수를 가진 음파다. 당연히 더 많은 에너지를 단시간에 써야한다. 정말 꼭 필요하지 않다면 쓰고 싶지 않은 것이다. 그럼 왜 박쥐는 일반적인 음파 대신 초음파를 쓴 걸까?

이유는 반사와 굴절이 진동수와 긴밀한 관계를 가지기 때문이다. 진동수가 높을수록 회절은 잘 일어나지 않고 반사율은 높다. 굴절율이 작고 반사율이 높을수록 먹이의 위치를 정확히 알 수 있다. 더구나 먹이인 나방은 크기도 작다. 따라서 밤에 비행하는 박쥐는 더 선명한 정보를 얻을 수 있는 진동수가 높은 초음파를 쓸 수밖에 없다. 물론 또 다른 이유도 있다. 우리가 흔히 듣는 진동수를 가진 소리는 박쥐뿐만 아니라 당연히 나방도 들을 수 있다. 적에게 내가 사냥하러 간다고 알려주는 꼴이다. 오직 나만이 들을 수 있는 음파를 써야 하는 것이다.

나방도 가만히 당하지만은 않는다. 먼저 나방은 회피기술을 발달시킨다. 일단 박쥐가 내는 초음파를 듣는 것이 우선이다. 나방들 중 일부는 박쥐가 내는 초음파를 박쥐보다 빨리 인지한다. 나방이 어디에 있는지 처음부터 박쥐가 아는 것은 아니다. 박쥐는 날면서 사방으로 초음파를 쏘는데 여기에 나방이 걸리는 것은 대략 박쥐의 반경 4~5미터 범위 안에 있을 때이다. 멀어도 10미터 이상이 되지는 않는다. 그 이상 범위로 초음파를 보내려면 세기가 세야 하는데 그만큼 많은 에너지가 든다. 나방 하나 먹자고 삼겹살 먹은 에너지를 쓸 순 없는 일이다. 그런데 일부 종의 나방은 박쥐가 사방으로 내는 초음파를 300미터 정도 전방에서 들을 수 있다. 굉장히 약한 세기의 음파를 감지하는 것이다. 이를 감지한 나방은 다양한 회피 행동을 한다. 일부는 그저 추락한다. 초음파로만 상대를 파악하는 박쥐로서는 그저 떨어지는 가지나 돌멩이와 구분이 잘 되지 않는다. 일부는 나뭇잎에 찰싹 달라붙어선 움직이지 않는다. 또는 바람에 날리는 나뭇잎처럼 움직이기도 한다. 오직 초음파로만 상대를 파악하는 박쥐에 대한 다양한 은폐행동이다.

또 나방은 스텔스기술도 발전시켰다. 표피의 일부를 변화시켜 초음파를 일부는 흡수하고, 일부는 다른 방향으로 반사한다. 더구나 일부는 여기에 더해 재밍jamming기술을 시전하기도 한다. 재밍은 레이더로 적을 탐지하는 기술에 대해 대응하는 교란기술이다. 적의 레이더나 전자교신을 방해하려고 아군 쪽에서 비슷한 진동수의 전자기파를 쏴서 교란시키는 것이다. 딱 이런 식으로 박각시나방이나 불나방은 박쥐처럼 초음파를 낸다. 이들은 먹이를 찾기 위해서가 아니라 박쥐를 교란시킬 목적으로 자신의 배의 비늘을 빠르게 마찰시켜 초음파를 발생시킨다.

하지만 사실 나방의 절반 이상은 초음파를 듣지 못한다. 왜 이들이 초음파를 듣지 못할까를 고민할 필요는 없다. 초음파를 듣는 것도 초음파를 내는 것도 둘 다 많은 에너지가 필요한 일이다. 군이 그럴 필요가 없다면 피하고 싶은 일이다. 다른 방법으로 가능하다면 그 방법을 찾는다. 그것이 나방의 경우에는 스텔스 기능의 꼬리다. 나방 중에는 긴 꼬리를 가진 녀석들이 있다. 이 꼬리가 날아다닐 때 움직이면서 초음파의 반사를 교란시킨다. 완전하지는 않다. 그러나 박쥐의 공격을 혼란시키고, 공격을 꼬리 쪽으로 유도해서 꼬리가 짧은 나방들에 비해 배 이상의 확률로 살아나는 데 성공한다. 자연의 입장에서 보자면 적은 비용으로 생존 확률이 높아진다면 일부의 피해는 감수하는 방향으로 진화가 되는 법이다. 초음파를 탐지할 수 있고, 또 낼 수 있다면 박쥐에게 잡아먹힐 확률은 놀랍게 줄어들지만 그 대가가 결코 만족스럽지는 않다. 그를 위해 지출하는 비용이 높으면 그만큼 다른 활동에 쏟을 수 있는 에너지가 적어진다. 모든 동물들이 고슴도치처럼 가시를 가지거나 독화살개구리처럼 치명적인 독을 가지지 않는 이유이기도 하다. 효과가 좋은 장치는 비싼 법이다.

천라지망을
치게 된 사연

　　고생대가 시작되고 1억 년 정도 지나고 나서 지상에 식물들이
자리를 잡자 연이어 벌레들이 올라온다. 우리는 그저 벌레라고 하지
만 사실 그들 입장에서는 서로를 같이 취급하는 것이 억울할 수 있
다. 사마귀 입장에서는 거미보다 나비가 훨씬 가까운 친척인데 거미
와 같이 취급되는 것이 억울할 것이고 달팽이는 문어와 더 가까운데
지렁이와 비슷하게 취급받는 것이 싫을지도 모른다. 어찌되었든 다
양한 연체동물과 절지동물들이 척추동물들이 상륙하기 전에 지상에
먼저 올라왔다. 거의 비슷한 시기에 상륙작전을 펼친 절지동물이지
만 거미와 곤충은 서로 많이 다르다. 곤충은 어려서는 애벌레로 살다

가 성충이 되면 머리, 가슴, 배의 세 부분으로 나눠지고, 가슴에만 세 쌍의 다리를 가지고 있다. 거미는 대신 머리가슴과 배의 두 부분으로 나눠지고, 머리가슴에 네 쌍의 다리를 가지고 있다. 눈의 개수도 다르고, 더듬이의 존재 유무도 다르다. 그리고 대부분의 경우 둘의 관계는 피식과 포식관계다. 거미가 사냥꾼이고, 곤충이 먹잇감이다. 물론 거미를 잡아먹는 사마귀나 말벌, 사마귀붙이 등의 곤충들도 있기는 하다. 그러나 거미가 잡아먹는 곤충의 양에 비하면 곤충에 먹히는 거미의 비율은 굉장히 적다.

거미는 대부분 독이 있다. 독거미만 독이 있는 것이 아니라 대부분의 거미에겐 독이 있지만 인간이 물렸을 때 크게 위험하지 않을 뿐이다. 그러나 이런 약한 독도 거미의 먹잇감이 되는 곤충에겐 치명적이다. 거미는 조용히 숨어 있다가 잽싸게 독으로 곤충을 제압하고 기절해버린 곤충의 몸속으로 소화액을 주입한다. 그리곤 곤충의 내부가 적절히 녹으면 빨아먹는 식으로 사냥을 한다.

고생대 실루리아기 즈음이다. 처음 지상에 올라온 곤충은 그저 땅 위나 얕은 풀 위에 살았다. 거미도 마찬가지로 그 주변 돌 틈이나 풀 사이에 숨어 있다가 곤충을 덮쳐 잡아먹곤 했다. 그러나 점차 덩치가 더 큰 전갈이나 다지류들이 곤충과 거미를 사냥하기 시작하자 둘은 나무 위로 올라가기 시작했다. 올라가기는 곤충들이 먼저였다. 물론 모든 곤충들이 올라간 건 아니지만 많은 곤충들이 천적을 피해서 올라가기 시작했다. 이때의 곤충에겐 아직 꿀이라는 먹이가 없었

➡ 거미줄 위를 걷는 거미

다. 줄기에 구멍을 내고 수액을 빨아먹거나 잎을 먹는 것이 대부분이었고 다른 곤충을 잡아먹기도 했다. 이런 곤충들에게 나무나 줄기가 긴 식물을 타고 올라가는 건 어찌 보면 당연한 일일 것이다.

그리고 곤충이 먹이인 거미도 당연히 그를 따라 올라갔다. 하지만 아직 거미는 거미줄로 먹이를 잡지 않았다. 방법은 그대로고 장소만 바뀌었을 뿐이다. 방적돌기에서 뽑아낸 실은 자식을 보호하기 위한 것일 뿐이었다. 거미는 사실 자식의 양육에 꽤나 신경을 쓰는 편이다. 곤충의 경우 대부분 잎의 뒷면에 낳으면 끝이지만 거미는 알을 등에 업고 다니거나 입에 물고 다니고, 부화한 새끼들도 데리고 다닌다. 그런 정성은 고생대에도 마찬가지였나 보다. 거미들은 나무의 틈새에 알이나 새끼를 넣어놓고는 그 밖을 거미줄로 칭칭 감았다. 다른 곤충들이 새끼를 잡아먹지 못하게 하려는 것이다. 거미줄이 끈적끈적한 것도 그런 이유였다. 새끼를 먹으려고 실을 끊어버리려다 끈적이는 실에 다리가 묶여 꼼짝할 수 없게 만드는 것이다.

그런데 일이 생겼다. 곤충들이 날기 시작한 것이다. 곤충의 입장도 이해가 간다. 척추동물들도 육상에 올라오기 시작하면서 천적들이 늘어도 너무 늘었다. 기존의 천적에 사지형어류Tetrapodomorpha에서 진화한 양서류들이 가세하면서 곤충들도 다른 방법을 강구해야 했다. 결국 선택은 하늘을 나는 것이었다.

처음 하늘을 날았던 곤충들은 지금의 잠자리나 하루살이 같은 곤충들이다. 이들은 처음으로 날개를 진화시킨 탓이었는지 정교하지 못했다. 날개는 위아래로만 움직일 수 있고 벌이나 나비처럼 다양한 모양변화와 운동을 하지 못한다. 더구나 나뭇가지에 앉을 때도 날개를 접지 못한다. 이런 종류들은 곤충들 중에서도 고시하강Palaeoptera(오래된 날개를 가졌다는 뜻이다)에 속하는데 다들 멸종하고 현재 잠자리와 하루살이만 남았다. 나비나 딱정벌레 혹은 벌과 같이 접을 수 있는, 보다 세련된 날개를 가진 신시하강Neoptera(새로운 날개를 가진 무리라는 뜻이다)이 이후 진화하면서 이들과의 경쟁에 밀려 모두 멸종해버렸다.

하루살이는 삶의 대부분을 애벌레로 보내고 성충이 된 이후에는 며칠 살지를 못하니 날개가 조금 부실해도 버틸 수가 있다. 그래도 워낙 많이 잡아먹히니 대책을 세운 것이 집단 짝짓기다. 이들은 허물벗기도 제대로 하지 못해서 허물을 벗고 성충이 된 후 하루가 지난 뒤 다시 허물을 한 번 더 벗어야 날 수가 있다. 하루를 가슴 졸이며 보낸 뒤 허물을 다시 벗은 이들 하루살이는 몇천, 몇만 마리가 한꺼

번에 호수나 강가에서 날아오른다. 이들이 떼를 지어 날면서 군무를 추는 것은 암컷을 부르는 일이다. 하지만 이들의 군무는 다른 천적도 부른다. 어차피 오게 될 천적이면 떼로 날면서 일부가 먹혀도 나머지는 짝짓기를 하는 전략을 택한 것이다. 암컷은 이들 군무를 치는 수컷들에게 와서는 정자가 가득 든 정포를 가져간다. 그리곤 다시 강으로 내려가 물속에 수정된 알을 낳고는 죽어버린다. 물론 강에도 이들의 천적은 넘쳐났다. 잠자리 유충, 올챙이, 작은 물고기까지 이들 암컷이 수정란을 물에 뿌리기도 전에 씹을 것도 없이 훌훌 마셔대듯 한다. 아주 일부의 암컷만이 무사히 알을 낳고 죽을 수 있다. 결국 이들은 극히 일부분만 성공하는 하루의 짝짓기를 위해서 날개를 사용하는 것이다.

잠자리는 고생대 데본기의 포식자였다. 날개를 가지게 되자 이들은 천적으로부터 도망치는 것에 만족하지 않았다. 다른 곤충과 절지동물을 사냥하는 포식자로 변했다. 이들의 공중 공격능력은 당시로서는 막강한 것이었다. 마치 보병을 상대하는 공격헬기 같았다. 나뭇잎이나 풀잎 끝에 아슬아슬하게 매달려 천적을 피하던 곤충들은 공중에서 날아든 이들에게 속수무책이었다. 물론 지금도 잠자리는 포식자다. 날개가 있는 성충만이 아니라 잠자리 유충도 올챙이며 작은 물고기까지 잡아먹는 무시무시한 포식자다. 그러니 고생대의 잠자리는 더 무시무시한 포식자였을 것이다.

다른 곤충의 입장에서 보면 배신자다. 천적을 피해 같이 날아올

랐던 동료가 이제 자신에게 이빨을 들이대는 것이다. 잠자리와 같은 날아다니는 곤충 포식자의 등장은 다시 다른 곤충의 진화를 촉진시킨다. 잠자리에게 속절없이 먹히던 곤충은 접을 수 있고, 다양한 비행이 가능한 새로운 날개를 만들게 되었다. 신시하강이라고 한다. 지금 우리가 아는 곤충 대부분은 이 신시하강에 속한다. 곤충은 날 수 있다는 장점으로 고생대 중기 이후 지상 생태계에서 가장 종류가 많고 개체도 많은 종으로 현재까지 이어지고 있다. 지금도 곤충은 활개를 치고 있지만 석탄기는 말 그대로 곤충들의 전성시대였다. 메가네우라라는 잠자리의 사촌쯤 되는 종은 날개 길이가 60cm가 넘는, 거의 새와 맞먹는 수준으로 발달한다. 물론 당시는 대기 중 산소농도가 높아서 호흡 효율이 좋았던 점도 있지만 아직 익룡도 새도 날지 않았던 시기라 지금의 새가 하는 역할 중 일부를 이들 거대한 날벌레들이 먼저 시작한 이유도 있다. 실제로 중생대에 다시 한 번 산소농도가 높아졌지만 이때는 이미 익룡이 그 역할에 걸맞게 진화한 후였기 때문에 거대한 곤충은 더 이상 나타나지 않는다.

이렇듯 곤충들이 하늘을 날게 되자 그 여파는 곤충을 먹고 살던 이들에게도 미쳤다. 다들 다양한 방법으로 날아다니는 곤충에 대한 대책을 세우는데 사실 별 대책이 없었다. 그저 곤충이 날기 전, 그러니까 애벌레 시절의 곤충을 포식하는 것이 최선이었다. 그러나 거미는 이미 가지고 있던 무기인 거미줄을 사용하기로 했다. 자기 알과 새끼를 지키기 위한 용도였던 거미줄을 곤충이 날아다니는 길목에 치고 걸려들기를 기다리는 것이다. 거미줄은 원래 자연이 만들어낸 생체조직 중 가장 강하다. 핵심적인 변화는 그 실을 뽑아내는 방적돌기의 위치 변화다. 원래 등 쪽에 있던 방적돌기가 배의 끝 쪽으로 이동한다. 사냥을 위한 위치 변화다. 나뭇가지와 가지 사이에 거미줄을 걸기 시작했다. 날아다니던 곤충들이 눈에 잘 보이지도 않는 그물에 걸렸고, 거미는 곤충을 가장 잘 잡는 사냥꾼이란 명성을 지금껏 계속 유지하게 되었다. 물론 아직도 거미 중에는 거미줄을 치지 않고 지상에서 사냥을 하는 거미들이 있다. 하지만 이들도 거미줄을 치던 거미에서 진화된 것이다. 거미줄을 통해 현재 거미는 곤충을 가장 많이 잡아먹는 천적으로 자리매김하고 있다.

보는 것과
보이는 것

인간의 뇌는 대뇌, 소뇌, 간뇌, 연수, 중간뇌의 다섯 가지 영역으로 구성된다. 이중 중간뇌는 눈의 운동을 조절하는 일을 주로 한다. 즉 밝은 곳에 있다가 어두운 곳으로 가면 중간뇌는 알아서 홍채를 수축해서 눈으로 들어오는 빛의 양을 늘린다. 휴대폰을 보다가 먼 산을 보면 중간뇌는 대뇌가 시키지 않아도 수정체를 얇게 만들어 초점거리를 늘린다. 이렇게 감각기관의 작용과 관련된 일을 하는 전문화된 뇌를 가진 건 눈뿐이다. 인간의 감각은 흔히 오감이라고 하지만 훨씬 더 많다. 시각과 청각, 후각과 미각 그리고 촉각이라고 다섯 감각이라고 하지만 피부 감각은 다시 나눠야 한다. 피부에 닿는 압력을 느끼는 촉각과 압각, 통각이 있고, 온도의 변화를 느끼는 온각과 냉각이 있다. 그 외에도 몸의 회전을 느끼는 반고리관과 중력의 작용을 느끼는 전정기관도 있다. 하지만 이 중 그 감각기관을 미세하게 조절하는 뇌는 시각을 관장하는 중간뇌뿐이다. 이유는 시각이 중요하기 때문이다. 인간은 외부 자극 중 80% 정도의 정보를 시각으로 느낀다.

인간 이외의 동물 중에서도 새들이라든가 주로 낮에 활동하는 포유류는 시각에 대한 의존도가 높다. 반면 야행성 동물의 경우에는 청각과 후각 등이 더욱 발달하는 경우도 있다.

어찌되었건 '가시광선 영역의 전자기파'에 의한 자극을 감지하는 능력을 시각이라고 한다면 이의 발달은 생물들 간의 공진화를 대단히 다양하게 만들어왔다.

포유동물의 경우 여러 구분이 있을 수 있겠으나 그중 유용한 것이 초식동물과 육식동물이다. 시각의 발달 측면에서 보면 이들은 완연히 다르다. 초식동물의 경우 얼굴 모양을 보면 정면은 좁고 옆면이 길다. 그리고 눈은 이 옆면에 주로 위치하고 있다. 이런 눈의 형태는 볼 수 있는 각도를 넓힌다. 대부분의 초식동물은 눈이 양 옆면에 위치함으로써 약 270도 정도의 시야각을 확보할 수 있다. 즉 뒤쪽을 빼곤 다 볼 수 있는 것이다. 초원의 어디에서 천적이 나타날지 모르니 모든 곳을 감시하기 위해 발달한 진화의 모습이다.

반면 육식동물은 초식동물에 비해 얼굴의 정면이 넓다. 그리고 이 넓은 정면에 두 눈이 위치한다. 이렇게 되면 시야각은 좁아진다.

180도가 채 되지 않는다. 대신 두 눈으로 보이는 사물의 위치 차를 이용해서 사냥감까지의 거리를 측정하는 데는 훨씬 유리하다. 즉 공간 감각이 탁월하게 발달하는 것이다. 육식동물은 이게 더 중요하다. 점찍은 먹이까지의 거리가 사냥의 성공에 관건이다. 초원에서 사자나 치타는 먹이까지 조용히 다가간다. 자세를 최대한 낮추고, 맞바람을 맞으며 가능한 가까이 접근한다. 얼마나 가까이까지 접근할 수 있는 가가 사냥의 성공을 결정한다. 대부분의 육식동물은 초반 압도적인 속도로 먹이에게 접근하지만 조금만 시간이 지나면 지구력에서 앞서는 초식동물이 훨씬 유리하기 때문이다. 초반의 기습을 성공시키는 열쇠는 먹잇감까지의 거리다. 그래서 이들의 눈은 입체시에 중점을 둔 것이다.

사람도 그렇고 영장류나 원숭이도 또한 얼굴의 앞면이 넓고 입체시를 가진다. 그러나 이는 사냥 때문이 아니라 나무와 나무사이를 건너다니기 위해서다. 이 나무에서 저 나무로, 아 가지에서 저 가지로 건너려면 아무래도 공간 감각이 필수적이다.

보는 것과 보이는 것의 싸움에는 또한 여러 가지 전략이 등장한다. 먹잇감인 동물은 두 가지 전략을 주로 쓴다. 가장 많이 쓰는 것은 감추는 것이다. 가장 손쉽기로는 주변 환경과 비슷한 색을 가지는 것이다. 풀 위에 사는 여치나 메뚜기가 녹색을 띄는 것이나 사자가 누런 풀과 비슷한 색인 것도 그러한 전략이겠다. 숲에 사는 녀석들이 줄무늬나 땡땡 무늬를 가지는 것은 여러 가지 채도의 잎과 가지들 사이에 숨는 전략이다. 사냥을 하는 쪽은 먹이에 다가가기 쉽게, 혹은 은신해있기 쉽게 진화를 한 것이고, 먹잇감은 또 그 나름대로 눈에 띄지 않기 위해 진화를 한 것이다.

숲에 사는 고양이과의 동물들은 대부분 털로 무늬를 만든다. 우리야 밝은 곳에서 이들을 보니 그게 마냥 이쁘게만 보이지만 어두운 숲 속에선 사정이 다르다. 잎들 사이로 찢어져 내리는 햇빛은 숲 속의 지표와 그 어림에 얼룩덜룩한 그림자를 만들게 마련이다. 나뭇잎의 그림자는 둥글둥글한 모양을 가지고 가지나 줄기의 그림자는 길쭉한 모양을 가진다. 숲에 사는 고양이과 동물이 바로 이런 그림자에 숨는 무늬를 가진다. 아시아에선 호랑이와 표범이 대표적이다. 재규어는 중남미의 열대우림에 살고 설표(눈표범)은 침엽수림에 산다. 그 외에도 삵이나 스라소니, 그리고 동남아시아에 주로 서식하는 구름표범*Neofelis nebulosa*, 마블고양이*Pardofelis marmorata* 및 중남미의 열대우림에 사는 오셀롯*Leopardus pardalis* 마게이*Leopardus wiedii* 등도 있다. 이들은 모두 특유의 길쭉하거나 고리 모양 혹은 둥근 점의 다양한 무늬를 가지고 있는데 각자가 사는 숲의 빛과 그림자에 대한 진화의 결과다.

그러나 같은 고양이과라도 초원에 사는 녀석들은 조금 다르다. 사자가 대표적이고 아메리카의 퓨마(쿠거)도 그러하다. 털의 무늬가 없다. 초원의 빛과 그림자는 숲과 다르기 때문이다.

위장은 무늬만으로 끝나지 않는다. 색도 위장의 하나다. 주변의 색과 동일한 색을 가지는 것은 위장의 첫걸음이다. 풀밭에 사는 메뚜

➡ 윌리엄 블레이크의 "타이거" 초판

기와 여치가 녹색을 띄는 것도 그러하고 같은 풀밭에 사는 개구리가 녹색인 것도 마찬가지다. 눈토끼나 설표, 북극여우, 북극곰이 괜히 흰색인 것이 아니다. 그러나 보다 정교한 속임은 물고기들에서 나타난다. 대개의 물고기를 보면 배는 밝은 색이고 등은 검은 색이다. 아래에서 물고기를 보면 밝은 배 부분이 태양 빛과 겹쳐져서 잘 보이지 않고, 새들이 바다 위에서 보면 등의 푸른색이 바다와 겹쳐져서 구분하기 힘들기 때문이다. 등푸른생선이 괜히 생긴 게 아니다.

색과 무늬 이외에도 눈을 속이기 위한 위장은 계속된다. 주위의 사물과 비슷한 색과 무늬 그리고 모양까지도 따른다. 동남아시아의 정글에 사는 난초사마귀*Hymenopus coronatus*는 포식을 위해서 진화한 결과다. 하늘을 날아다니는 곤충을 사냥하기엔 무리가 있다 보니 곤충들이 꿀과 꽃가루를 먹으러 오는 꽃 주위에 잠복했다가 사냥을 하는 녀석이다. 이들은 색과 모양이 열대 지방에 피는 난꽃과 꼭 닮아있다. 꽃 위에 가만히 있으면 누구도 이들을 사마귀라고 생각하지 못한다. 머리부터 몸통 다리까지 꽃잎과 수술, 암술의 모양을 본떴다.

아프리카 동해안에 위치한 마다가스카르에 주로 서식하는 카멜

➡ 난초사마귀

레온도 색변화를 통한 위장의 대가다. 이들은 주변의 색에 따라 순식간에 자신의 피부색을 바꾼다. 녹색 잎에 둘러싸여 있을 때는 녹색으로, 갈색의 가지 위에선 갈색으로 변한다. 피부 전체의 색을 하나로 변화시키는 것이 아니라 몸의 각 부분을 서로 다른 색으로 변화시킬 수도 있다.

이러한 색변화의 능력은 최초에는 위장을 위해 진화했겠지만 이후 다양한 용도로 발전하기도 한다. 서로간의 커뮤니케이션 수단이 되는 것이다. 짝짓기 할 상대에 대한 구애의 표시이기도 하고, 세력권에 들어온 경쟁자에 대한 위협으로 색을 사용하기도 한다. 경극의 배우들이 가면을 바꾸듯이 자신의 색을 변화시키면서 위장과 커뮤니케이션을 같이 이루어낸다.

그러나 이러한 위장술의 압권은 누가 뭐라 해도 문어다. 카멜

레온이 수시로 색을 바꾸는 것에 비해 이들은 색과 모양 전체를 통해 위장을 한다. 인도네시아 슬라웨시 해안의 핏줄문어*Amphioctopus marginatus*는 천적이 나타나면 코코넛 열매처럼 위장을 한다. 여섯 개의 다리로 몸통을 감싸고 공처럼 말아 코코넛처럼 보이게 만든 것이다. 더구나 나머지 두 발로 움직이는 모습이 마치 코코넛이 바다 밑바닥에서 물의 흐름에 따라 굴러다니는 것처럼 보인다. 심지어 실제 코코넛 껍질을 이용해서 그 속에 몸을 숨기기도 한다. 호주 해안가의 해조 문어*Abdopus aculeatus*도 두 발로 걷는데 나머지 가는 발들과 몸통이 마치 주변의 해조류들이 물속에서 흔들리는 모습과 흡사하다. 그러나 문어들 중에서도 가장 놀라운 것은 인도네시아의 흉내문어*Thaumoctopus mimicus*다. 이 녀석들은 무려 40가지가 넘는 다른 동물로 변신을 한다. 이들은 바다를 헤엄치다가 천적이 나타나면 그보다 더 강한 다른 생물로 위장해서 쫓아내고, 먹잇감은 약한 동물을 흉내 내어 유인한다. 게, 바다뱀, 쏠배감펭, 넙치, 새우 등 자기 주변에서 볼 수 있는 거의 모든 생물을 흉내 낸다. 보통의 문어들이 산호나 바위틈에서 숨어 있다가 위험이 닥치면 먹물을 뿜고 도망하는 데에 비해 이렇게 에너지도 많이 들고 난이도도 높은 행동을 하는 이유는 이들의 서식지가 그저 모래땅이기 때문이다. 즉 숨을 만한 곳이 전혀 없는 곳에서 역으로 다른 해양 동물을 흉내 내게 된 것이다.

그러나 이렇듯 완벽한 변신을 하는 흉내문어를 다시 흉내 내는 동물도 있다. 후악치과에 속하는 얼룩무늬 후악치*Stalix histrio*다. 이들은

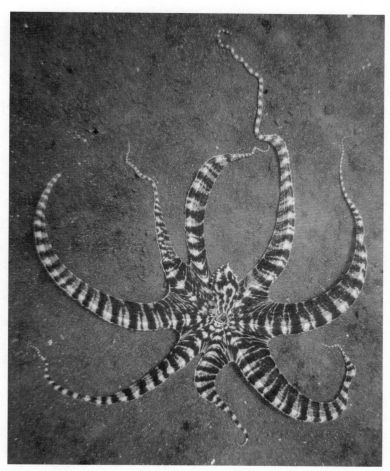

➡ 인도네시아 해안의 흉내문어

흉내문어와 유사한 겉무늬를 가지고 있는데 흉내문어 주변에서 헤엄
치면 마치 흉내문어의 아홉 번째 발인양 행세를 한다.

　　눈이 진화한 이후로 식물도 동물도 끊임없이 자신의 색과 형태
를 바꾸는 고된 진화를 계속해왔다. 눈에 띄지 않기를 바라는 진화도

있었고, 반대로 자신을 과시하며 위협을 주기 위한 진화도 있었다. 포식자도 피식자도 종의 멸절을 걸고 이루어내는 진화이고, 서로가 서로에게 진화를 다시 촉진시키는 진화였다. 이러한 공진화가 이제 지구를 녹색의 기초 아래 다양한 색으로 꾸며진 생태계로 만들었다. 햇빛과 물방울만으로 무지개를 만드는 자연도 대단하지만, 그보다 더 대단한 것은 이 지구생물이 만들어낸 진화의 무지개다.

06

지구의 공진화

아버지의 집에 내 문패를 달았다.

나와서 보라.

이 아름다운 문패를.

"自序", 김상혁

　지구의 반지름은 6,400km 정도 된다. 그리고 지구의 대기권은 약 1,000km에 이른다. 그중 생물이 사는 곳은 지표면과 바다, 그리고 대기권의 아래쪽 10km 정도이다.

　생명이 탄생하고 40억 년 가까이 지난 지금 이 좁고 넓은 영역은 생물들로 넘쳐나고, 그만큼 많은 변화를 겪어왔다. 그리고 그 변화는 생물로만 한정되지 않는다. 지구 자체가 생물에 의해서 변화되었다. 그리고 지구의 변화는 다시 생물의 변화로 이어졌다. 지구와 생물권의 공진화다.

　거대한 절벽, 높은 산맥, 지표면을 메운 두터운 흙, 지하에 매장된 철광석과 석탄층, 해저 바다 밑의 천연가스층과 유전, 성층권의 오존층, 대기 중의 산소와 이산화탄소, 대기의 온도와 해안선 모두가 생물의 영향에서 자유롭지 않다.

　생물의 사체가 묻혀서 석유와 석탄, 천연가스가 되고, 죽은 생물의 껍데기들이 퇴적되어 석회암과 대리석을 만든다. 철광도 생물의 탄생 전과 후가 다르다. 오존층과 산소는 오로지 생물에게 기대어 존재하며, 탄소는 생물권과 지구의 다른 영역을 끊임없이 순환한다.

　생물이 존재함으로써 흙이 만들어졌고, 해안선이 바뀌고, 산호초가 생겼다.

　그리고 생물이 바꾼 지구의 모습이 다시 생물에게 영향을 미친다. 대기 중의 산소가 늘어나자 생물은 산소를 이용하기 시작했고, 빙하기가 닥

치면 표피를 두껍게 했다. 섬이 생기면 섬 주변으로 산호초가 형성되었다. 혐기성세균은 산소가 없는 곳으로 도망갔으며, 낮과 밤에 맞춰 플랑크톤은 바다를 오르내린다.

지구와 생물이 서로 주고받는 진화, 이것 또한 하나의 공진화다.

생물이 만든
눈덩이지구

생물은 지구를 변화시키고 지구는 다시 생물을 변화시킨다. 생물과 지구의 공진화다.

그 시작은 시아노박테리아였다. 이들이 광합성을 통해 산소를 내뿜은 것이 지구표면을 바꾸는 거대한 진화의 시작이었다. 처음 이들이 내놓은 산소는 바닷물에 녹아있는 무기염류와 만난다. 철 이온과 만나 산화철을 이루며 바다 밑바닥으로 가라앉는다. 처음으로 지구에 붉은색 산화철 지층이 생긴 것이다. 물론 이전에도 바다에 녹은 철의 일부가 퇴적되기는 했지만 대부분은 물속에 이온의 형태로 녹아있었다. 그러다 처음 산소를 만나자 대량으로 가라앉아서 붉은 지층을 이루는데 이를 호상철광층(縞狀鐵鑛層)이라고 한다. 시아노박테리아가 내놓은 산소는 철 이외의 다양한 이온들과도 만났고, 대부분 화학반응을 통해 산화물을 만들었다. 그러나 이들 시아노박테리아가 내놓는 산소의 양은 바닷물 속 이온과의 결합을 통해서 해소할 수 있을 정도를 벗어나고 있었다. 바다 속에서 포화상태에 다다른 산소는 대기 중으로 빠져나간다. 대기에는 이제껏 산소가 없기에 존재할 수 있었던 암모니아와 메테인이 기다리고 있다. 이들은 만나자마자 불꽃 뒤는 반응을 한다. 암모니아는 산소와 만나 질소와 수증기를 만들고 사라졌고, 메테인은 산소와 만나자마자 이산화탄소와 수증기를 남기고 사라졌다. 대기 중의 암모니아와 메테인은 산소가 바다표면으로 나오는 족족 사라졌다. 그 자리는 이제 질소와 이산화탄소 그리고 산소로 채워졌다. 이렇게 되자 지구의 기온이 내려가기 시작했다. 메테인은 이산화탄소보다 훨씬 온실효과가 큰 기체다. 그 기체가 사라지고 온실효과를 거의 가지지 않는 산소가 대체하자 기온이 내려간 것. 광합성을 하는 생물들이 늘어나자 이제 이산화탄소의 양도 감소한다. 대기 중 이산화산소는 0.03%로까지 줄어든다. 지구의 온도는 다시 내려간다. 기온이 내려가면서 극지방부터 변화가 일어난다. 바다가 얼고, 육지에 빙하가 생성된다. 얼음은 햇빛을 반사시켜 지구 밖으로 보내버린다. 흡수하는 태양에너지가 줄어드니 기온은 다시 떨어진다. 이런 과정이 반복되면서 지구 전체가 얼어버린다.

이렇게 고생대 이전 원생대에 몇 번의 눈덩이지구Snowball Earth 사

➡ 산소와 만나 붉게 변한 호상철광층의 단면

건을 만든다.[20] 지구 전체가 하얀 얼음덩이가 되면 햇빛의 반사율이 더욱 높아진다. 지구가 흡수하는 태양에너지가 줄어드니 지구는 계속 얼어있을 수밖에 없었다.

녹을 기미가 없는 지구. 영원히 얼어있을 것만 같은 지구를 녹인 것은 지구 스스로였다. 지구는 죽은 행성이 아니다. 말 그대로 펄펄 살아 있다. 지구의 생명을 일컫는 것이 아니다. 몇 km 두께의 얼음이 지구를 뒤덮고 있었지만 그 밑에서는 맨틀의 유장한 흐름이 있고, 그 흐름 위에 얹혀서 움직이는 지각판이 있다. 지각판이 양쪽으로 갈라지는 곳에선 맨틀로부터 마그마가 솟아올라왔고, 지각판이 서로 만나는 곳에선 지진과 단층활동 그리고 마그마의 생성이 있었다. 마그마들은 뜨거운 열로 얼음을 녹였고, 얼음이 녹은 그 부분으로 화산

---

20 일부 연구자들은 눈덩이지구 시기에도 열대의 일부 지역은 완전히 얼지 않았을 것이라고 주장한다. 이런 가설을 눈덩이지구 대신 진창눈덩이지구Slushball Earth 가설이라 한다.

가스를 뿜어냈다. 화산 가스 중 가장 많은 비율을 차지하는 것은 수 증기였고, 그 다음은 이산화탄소다. 이미 얼어버린 지구여서 생물들은 가늘게 명맥만 유지한 채였다. 이산화탄소를 흡수할 시아노박테리아의 수도 많이 줄은 상태였다. 더구나 이산화탄소를 흡수할 수 있는 바다마저 꽁꽁 얼어있는 상태. 대기 중의 이산화탄소 농도는 화산 가스가 뿜어져 나오는 만큼 급속도로 높아졌고, 그 만큼 온실효과를 일으킨다. 지구 대기의 온도는 차츰 높아졌다. 드디어 임계점에 도달하자 지표면은 급속도로 녹기 시작했다. 얼음이 녹으면서 다시 바다와 육지가 모습을 드러냈고, 그 만큼 태양에너지의 흡수율도 높아졌다. 지구는 다시 눈덩이 이전이 되었고, 생명들은 다시 늘어났다.

그리고 생명들이 늘어남에 따라 다시 이산화탄소의 농도가 줄고 빙하기가 시작되었다. 눈덩이지구 사건은 한 번이 아니었다. 지구와 생명의 대기 온도를 둘러싼 전쟁은 고생대가 시작되기 전에 최소한 두 번 이상 이루어졌다. 과학자들은 바로 이러한 눈덩이지구 사건이 생명의 진화에 거대한 영향을 끼쳤을 것이라고 생각한다. 온 지구가 얼어붙는 상황은 생명체의 대량 멸종을 가져왔을 것이고, 그에 따라 생태계 여기저기에 많은 빈자리가 생겼을 것이다. 다시 지구가 따뜻해졌을 때, 생명들은 그 빈자리를 채우기 위해 급속하게 진화방산을 하게 되었다는 것이다.

그러나 산소와의 만남이 만들어낸 것은 그 뿐만이 아니다. 지표면도 바뀌기 시작했다. 산소가 없는 시절 별다른 변화 없이 내내 안

녕하던 암석들은 산소와 만나는 순간 위험에 처하고 만다. 암석 속에 분포해있던 금속들은 산소와 만나 산화되고 부서졌다. 그 빈자리에 비가 내리고 물은 다시 암석 위의 산화물을 씻어냈다. 그 밑에 드러난 금속은 다시 산화되기를 반복하고, 암석은 이전보다 훨씬 빠르게 풍화한다. 이런 풍화는 물이 닿는 곳에서 더 빠르게 일어났다. 마치 철이 습기가 많거나 물과 닿아있는 곳이 먼저 녹스는 것과 동일한 원리다. 이런 지표의 풍화는 이후 생물들이 지상에 올라올 때 더 쉽게 적응할 수 있도록 만들어주었다. 돌과 모래와 자갈이 섞여있는 곳은 그 아래를 파고들어 자외선을 피하고, 몸이 마르는 것을 막아주어 갓 물에서 올라온 생명들이 목숨을 부지할 수 있는 공간이 되었다. 그리고 그렇게 부서지고 깨진 지표 아래 촉촉이 젖고 습기 찬 곳은 피부로 호흡을 하는 많은 생명들의 거처가 된 것이다.

끊임없이 빠져나오는 산소는 드디어 성층권에 도달하고 그곳에서 자외선에 의해 분해된다. 분해된 산소 원자는 주변의 다른 산소분자와 만나 오존을 형성하고, 오존은 다시 분해된다. 분해된 오존에서 나온 산소 원자는 다시 다른 산소 분자를 만나 오존이 된다. 이런 과정을 반복하면서 얇지만 중요한 오존층을 형성한다. 오존층은 지상으로 내리꽂히던 자외선의 99%를 흡수하여 생물들이 지상에 올라올 여건을 만든다. 바다 생물들도 바다 표면에 내려쬐는 자외선이 줄어들자 표면까지 삶의 영역을 확장할 수 있게 된다.

자외선은 파장이 짧고 진동수가 큰 전자기파다. 진동수가 큰 만큼 많은 에너지를 가지고 있다. 자외선의 에너지는 세포를 파고들어 세포내 소기관을 형성하는 분자들의 결합을 끊고, 파괴한다. 따라서 자외선이 많이 내려쬐는 곳에선 생명들이 살기 힘들다. 실제로 20세기 후반 프레온가스에 의해 오존층이 얇아지자 북극권과 남극권 주변에 사는 생명들에 이상 현상이 나타나기도 했다. 사람들도 마찬가지여서 극지방에 가까운 곳의 사람들에게 피부암이 증가하기도 했다. 음식점의 자외선 살균기도 바로 이런 원리를 이용해서 세균을 죽이는 것이다.

생물들은 산소를 내놓고, 그 산소가 지구의 대기를 변화시켜 다시 생물들의 삶의 영역을 확장시킨 것이다.

애증의 기체
이산화탄소

두 번째 공진화는 이산화탄소다. 산소가 풍부해지자 생물들은 산소를 이용한 호흡을 시작한다. 이 호흡은 노폐물로 모두 잘 아는 것처럼 이산화탄소를 내놓는다. 그러나 생물권은 호흡으로 내놓는 이산화탄소보다 광합성으로 흡수하는 이산화탄소가 항시 더 많다. 이 사실은 생물들이 사는 동안 지구 대기의 이산화탄소는 점차 줄어들 수밖에 없다는 걸 의미한다. 생물들이 광합성을 시작한 이래 10억 년 이상이 실제로 그래왔다. 그러나 이산화탄소가 대기를 구성하는 전체 기체의 0.03% 수준으로 떨어지자 점차 균형을 찾기 시작했다. 이산화탄소의 농도가 낮아지면 식물들의 광합성 효율이 낮아져 이산화탄소의 소비도 줄어든다. 반대로 이산화탄소의 양이 늘어나면 광합성 효율이 높아지면서 산소의 발생량이 늘어나고 이산화탄소의 증가 비율이 늦춰진다. 또 산소의 비율이 높아지면, 확률적으로 산불이 더 자주 일어나게 되고, 산불은 연소 과정에서 산소를 흡수하고 나무와 풀을 태워 이산화탄소를 늘린다. 바다도 중요한 역할을 한다. 대기 중 이산화탄소의 농도가 낮아지면 바다에 흡수되는 이산화탄소가 줄고, 높아지면 그만큼 많은 양이 흡수가 된다. 바다의 역할은 사실 정말 중요하다. 산업혁명 이래 근 300년에 걸쳐 화석연료를 연소시켜 내놓은 이산화탄소의 양에 비해 현재 대기 중 이산화탄소의 증가비율이 낮은 것은 바다가 거대한 이산화탄소 저장고의 역할을 해주기 때문이다. 또 지구의 여기저기서 분화하는 화산은 대기에 이산화탄소를 지속적으로 공급하는 역할을 하고 있다.

그런데 초기 대기에 그렇게 풍부하게 존재하던 이산화탄소는 그럼 어디로 간 것일까? 우리가 앞서 걸어온 길을 조금만 더 걸어가면 결론이 나온다. 이산화탄소는 광합성을 통해 식물의 체내에 탄수화물로 저장이 된다. 그리고 그중 일부는 지방과 단백질로 바뀌기도 한다. 이렇게 식물의 체내에 저장된 탄소 성분 중 일부를 초식동물이 먹고, 그중 다시 일부는 육식동물에게 간다. 바다에서도 마찬가지다. 조류와 식물성 플랑크톤, 산호 등에 축적된 탄수화물 중 일부는 다른 해양생물에게로 전해진다.

이렇게 생물계 전체로 퍼진 탄소의 일부는 호흡을 통해서 다시 대기로 돌아간다. 생물들은 에너지를 얻기 위해 호흡을 하고 호흡의 결과물로 이산화탄소가 발생하면 대부분 대기 중으로 배출한다. 또한 생물들이 죽으면 세균이나 곰팡이 등에 의해 분해되고 이 과정에서 다시 대기로 돌아간다. 여기까지는 단순한 순환이다. 대기 중의 이산화탄소가 광합성을 통해서 생체 내에 들어왔다가 다시 호흡을 통해서 원래의 대기로 돌아가는 것이다. 그러나 지구 생물계 전체를 보면 광합성으로 흡수되는 이산화탄소의 양이 호흡으로 빠져나가는 이산화탄소의 양보다 압도적으로 많다.

그럼 나머지는 어떻게 되는 걸까? 그들은 묻힌다. 말 그대로다. 영국을 배경으로 한 소설을 보면 저습지를 배경으로 하는 장면들이 많다. 이곳에 묻힌다. 또는 열대우림도 마찬가지다. 이런 곳에서 나무가 쓰러지면 산소가 부족하여 쉽게 분해가 되지 못하고 늪 속으로 가라앉는다. 이렇게 가라앉은 나무는 탄화되어 이탄이 된다. 이탄은 시간이 지나면 갈탄이 되고, 마침내 석탄이 된다. 대표적인 시기가 고생대 석탄기다. 전 세계 곳곳의 석탄 탄광은 이 시기에 묻힌 양치류 식물들이 남긴 유산이다. 다만 현재는 고생대처럼 식물들이 땅속에서 석탄으로 변화는 비율은 많이 줄어들었다. 석탄기만 하더라도 당시 식물의 목질부에 가장 풍부한 성분인 리그닌을 분해하는 생물들이 별로 없어서 나무가 쓰러지면 분해되지 못한 채 묻혔지만 지금은 사정이 다르다. 다양한 곤충과 다른 절지동물들이 쓰러진 나무의 목질부를 먹어치운다. 그들의 소화기관에는 리그닌을 분해하는 세균들이 석탄으로 갈 리그닌을 모두 분해해서 양분으로 만든다.

바다에서도 마찬가지 현상이 나타난다. 수없이 많은 유공충을 비롯한 여러 해양생물들이 죽으면 바다 밑바닥에 가라앉는다. 이렇게 가라앉은 사체들 중 미처 분해가 되지 못한 것들은 쌓이고 쌓여 석회암층을 이루는데 그 과정에서 분해되지 못한 지방성분이 화학변화를 일으켜 석유나 천연가스가 되어 지층에서 잠자고 있다.

그리고 더 많게는 바다에서 칼슘과 만나 탄산칼슘이 된다. 탄산칼슘이 되는 과정은 게의 등딱지가 되는 것이기도 하고, 조개의 껍데기가 되는 것이기도 하며, 산호초, 플랑크톤의 외골격이 되는 것이기도 한다. 이렇게 만들어진 탄산칼슘도 역시 가라앉고, 묻힌다. 묻힌 탄산칼슘은 다시 석회암이 되고 지층이 된다. 그렇게 이산화탄소는

➡ 영국 스코틀랜드 지방의 이탄층

지각 속에 머물게 된다. 이렇게 지층에 묻혀있는 이산화탄소가 사실은 지구 전체로 따지면 압도적으로 많다. 대기 중의 이산화탄소는 지구 전체로 보면 극히 일부에 지나지 않는다. 그러나 지층에 묻힌 이산화탄소가 영원히 잠들어 있는 것은 아니다. 마그마가 분출할 때 석회암이나 대리암의 일부가 같이 증발하여 화산가스가 되어 대기 중으로 나간다. 지각 변동이 일어나면, 석회암층이 융기하여 겉으로 드러나고, 드러난 부분은 침식되고 풍화된다. 또는 내리는 빗물과 흐르는 강물에 녹아 다시 바다로 가기도 한다.

지구 전체는 이렇듯 이산화탄소의 양을 일정하게 유지하는 일종의 평형 상태를 유지하고 있다. 그런데 인간이 문제를 만든다. 지하 깊숙이 묻혀있는 이산화탄소를 캐낸다. 석탄으로 석유로 잠자던 이들을 꺼내어 태운다. 이렇게 지각에서 빠져나온 이산화탄소는 다시 대기로 이동한다. 이산화탄소를 흡수하던 식물들은 도시화와 경작에 의해 그 면적이 점점 줄어든다. 바다는 오염되어 식물성 플랑크톤이 살 수 있는 면적이 줄어든다. 지구 시스템이, 지구와 생물권이 상호작용하며 만들어낸 평형상태가 깨진다. 지구와 생물권이 상호간의 공진화를 통해 수십억 년에 걸쳐 만들어 놓은 시스템이 불과 200년 만에 마구 교란되고 있다. 공진화는 아주 천천히 오랜 시간에 걸쳐 상호간의 작용과 반작용에 의해 이루어진다. 그러나 인간에 의한 변화는 그런 상호작용을 할 시간을 주지 않고 급속도로 환경을 변화시키고 있는 것이다.

대멸종,
지구가 생물에게 건네는 인사

고생대 이후 당시 살던 생물종의 90% 이상이 멸종한 사건을 대멸종이라고 한다. 이런 대멸종은 총 다섯 번 일어났다. 첫 두 번은 고생대에 일어났다. 오르도비스기 대멸종과 데본기 대멸종이 그것이다. 이 두 멸종은 빙하기와 함께 찾아왔다. 첫 멸종인 오르도비스기 대멸종은 사실 지구와 생물권 양쪽의 합작품이었다. 오르도비스기 말이 되면서 원시 산호가 발달하고 바다 생태계는 그 질과 양에 있어 이전과 차원이 다르게 깊어지고 넓어졌다. 그리고 산호 속 조류를 포함한 바다의 독립영양생물들은 광합성을 위해 이전보다 훨씬 더 많은 이산화탄소를 소비한다. 이산화탄소의 농도는 낮아지고 온실효과가 줄어든다. 그 와중에 당시 적도 부근에 있었던 곤드와나 대륙이 맨틀의 흐름을 따라 남극 부근으로 이동한다. 남극 부근으로 간 곤드와나 대륙에선 대륙 빙하가 형성되기 시작했다. 빙하가 형성되면서 빙하를 중심으로 햇빛의 반사량이 늘고 지구가 흡수하는 태양에너지는 줄어들었다. 다시 온도가 낮아지고, 남극지역의 빙하가 늘어난다. 이 과정이 반복되면서 본격적인 빙하기가 시작된다. 빙하기가 닥치자 많은 바다 생물이 떼죽음을 당한다. 그러자 다시 위기가 깊어진다. 죽은 바다 생물의 사체를 호기성 세균이 분해하는 과정에서 다량의 산소가 소비되어 바다 속 산소량이 감소한다. 산소가 부족해지자 남은 바다 생물이 또 떼죽음을 당한다. 이런 일이 반복되면서 오르도비스기 대멸종이 일어났다. 결국 오르도비스기 대멸종은 지구와 생물권이 서로에게 주고받은 영향의 결과인 것이다.

데본기 대멸종도 비슷하다. 이번에는 육지의 식물들이 문제였다. 실루리아기에 육지에 진출한 식물은 데본기가 되면서 대단히 빠른 속도로 퍼져나간다. 그리고 이들이 광합성을 하면서 다시 대기 중 이산화탄소의 농도가 줄어들기 시작했다. 빙하기가 다시 시작되었다. 거기에 하나의 요인이 더 있다. 이 또한 육상의 식물이 원인이었다. 육상에 진출한 식물은 암석과 돌을 부수고 녹여 흙을 만들었다. 흙에 포함된 무기염류는 비와 강물을 타고 바다로 간다. 이전보다 훨씬 많은 양의 무기염류가 바다로 쏟아지자 해안선과 이어진 바다의 거의 전 영역에서 적조현상이 일어난다. 적조는 바다생물의 떼죽음을 불렀고 실루리아기 말의 대멸종과 같은 현상이 다시 반복되었다.

이 두 멸종은 지상의 생물들에겐 별 영향이 없었다. 오르도비스기엔 아예 육상 생태계가 없었고, 데본기에도 멸종은 대부분 바다에서 일어났다. 그리고 데본기도 아직은 바다가 지구 생태계의 대부분이었다.

그러나 이 두 번의 대멸종은 바다생물들에게 차가운 바닷물에서도 버티는 법과 부족한 산소로도 버티는 법을 알려주었다. 아니 바다생물들이 가혹한 환경 아래서 스스로 적응해냈다. 그리고 바다 생태계의 주인공이 바뀌었다. 조개사돈이라 불리는 완족류가 지리멸렬해지면서 조개가 그 자리를 차지하게 된다. 원시적인 산호도 사라지고, 현재의 산호와 비슷한 산호들이 등장한다. 또한 고생대 초 바다를 지배하던 최상위 포식자들이 사라진 자리를 척추동물이 차지한다. 이 두 번의 멸종을 거치면서 바다의 최상위 포식자는 판피어류와 연골어류라는 해양척추동물이 된 것이다. 이들은 혁신적인 아가미 호흡을 통해 당시 다른 해양 동물보다 더 효율적으로 호흡을 할 수 있게 되었으며, 유선형 몸매와 지느러미로 누구보다 빠르게 헤엄을 칠 수 있게 되었다. 또 아가미 호흡을 위해서 발달했던 아래턱은 이빨이 자라면서 사냥의 무기가 된다. 이들은 오징어와 문어의 조상인 두족류를 몰아내고 삼엽충을 포식하며 해양생태계의 주인이 된다.

다음 두 번은 화산활동에 의해 시작된 멸종이다. 고생대 페름기 말에 일어난 페름기 대멸종은 시베리아 트랩에서의 화산 분출로 시작되었다. 유럽만한 넓이의 땅에서 수십만 년 이상 지속된 화산활동은 지금의 시베리아 동부에 수 km에 이르는 두꺼운 화성암층을 만들 정도로 대단했다. 이때 뿜어져 나온 화산가스 중 이산화탄소가 온실효과로 지구의 온도를 높였다. 원래 산소는 차가운 물에 잘 녹고, 따뜻해지면 빠져나간다. 바닷물의 온도가 높아지자 바다 속 산소의 농도가 낮아지면서 해양생물의 떼죽음이 이어졌다. 그리고 다시 해양생물의 사체를 분해하는 과정에서 산소가 소비되어 산소 농도는 엄청나게 낮아졌다. 그리고 해수의 온도는 계속 높아졌다. 대멸종의 두 번째 단계는 여기서 시작된다. 바다 밑바닥에는 메테인하이드레이트가 있다. 전 세계 모든 바다 밑에 언제나 존재하게 되어있다. 해양생물이 죽으면 바다 밑바닥으로 가라앉는다. 바다 밑바닥은 산소가 부족한 환경이다 보니 이들 사체를 분해하는 과정에서 산소를 쉬이 쓸 수 없다. 산소 없이 분해하는 것을 혐기성 분해라고 하는데 이 과정에서 메테인이 생성된다. 이렇게 메테인이 만들어지면 메테인을 중심으로 얼음덩어리가 만들어지는데 이를 메테인하이드레이트라고 한다.

보통의 경우 이 메테인하이드레이트는 그저 바다 밑바닥에서 고요히 있을 뿐이다. 그러나 페름기 말에는 그렇지 않았다. 해수의 온도가 올라가면서 이 메테인하이드레이트가 녹아서 메테인을 내놓기 시작했다. 메테인은 전 세계의 바다에서 끊임없이 대기로 빠져나왔다. 대기 중에서 메테인은 산소와 만나 반응을 하여 이산화탄소와 수증기를 만든다. 이제 이산화탄소의 농도가 더욱 높아지고, 온실효과는 커지며, 기온은 더 올라간다. 그러나 더 결정적인 것은 이 과정에서 산소가 급속히 줄어든다는 사실이다.

이제 멸종은 바다뿐만이 아니라 육상에서도 일어난다. 시베리아 트랩의 폭발로 초토화된 지역뿐만 아니라 모든 곳에서 생물들이 신음을 한다. 산소의 농도는 히말라야 산맥의 고산지대처럼 낮아졌다. 급작스런 산소농도의 감소는 지상의 동물들에게 치명적이었다. 떼죽음이 대륙의 곳곳에서 일어났다.

바다 속 메테인하이드레이트가 대부분 소진되고, 이산화탄소가

➡ 메테인하이드레이트

다시 바닷물에 녹고, 식물이 광합성을 통해서 산소를 보충하여 원래의 정상적 상태를 회복하는 데만 몇백만 년이 걸렸다.

　중생대 트라이아스기 말에 일어난 대멸종도 페름기 대멸종과 비슷한 양상으로 전개된다. 다만 이번에는 시베리아가 아니라 대서양 중앙해령이었다. 아메리카 대륙과 아프리카, 유럽의 사이, 대서양의 한 가운데를 북극에서 남극까지 가로지르는 바다 속 산맥이 대서양 중앙해령이다. 현재 지구에 존재하는 산맥 중 가장 규모가 크다. 대서양중앙해령은 맨틀대류가 상승하는 지점인데 곳곳에서 마그마가 솟아오르며 화산활동과 지진활동이 활발한 곳이다. 이곳이 생기는 시점이 바로 판게아가 찢어지기 시작하던 고생대 말 중생대 초다. 당시 지구상의 대부분의 육지가 한데 모여 만들어졌던 초대륙 판게아는 고생대 말이 되자 다시 여러 갈래로 찢어지는데 이 과정에서 대서양이 생긴다. 그 중앙해령의 화산 활동이 가장 활발하던 시기가 바로 중생대 트라이어스기 말이다. 이후의 과정은 페름기 말 대멸종과 대동소이하다. 화산 분출로 산소 농도가 감소하고 이산화탄소의 농도가 높아진다. 지구 전체의 기온이 상승하고 해양생물이 떼죽음을 당한다. 해수의 온도가 올라가고 메테인하이드레이트가 녹으면서 대기 중 산소와 결합한다. 산소 농도가 다시 내려가고 육상 생물들도 다시 떼죽음을 당한다.

　이 두 번의 대멸종은 육상 생태계를 완전히 바꾼다. 수궁류라는 포유류의 조상격인 원시적 파충류가 멸종하고, 공룡이 지배자가 된다. 하늘의 주인도 바뀐다. 고생대의 하늘은 곤충뿐이었지만 두 번의 멸종이 지나자 익룡이 하늘의 주인이 된다. 바다도 마찬가지다. 해양 파충류가 진화하면서 수룡과 수장룡, 모사사우루스 등이 바다의 최상위 포식자 자리를 차지하게 된다.

더욱 중요하게는 이 두 번의 멸종을 거치면서 육상의 동물들도 더 효율적인 호흡기관을 가지게 된 것이다.

공룡과 새들은 폐에서 이어진 공기주머니인 기낭을 가지고 있다. 이를 통해 같은 양의 공기를 마시고도 훨씬 더 효율적인 기체 교환을 한다. 지금의 새가 하늘을 날 수 있는 기반은 트라이아스기 말 산소가 부족하던 시기를 지나던 새들의 조상이 기낭이라는 것을 진화시킨 덕분이다. 포유류도 그러하다. 포유류는 기낭 대신 가로막을 발달시킨다. 가로막은 가슴과 배를 가르는 막인데 이 막이 위 아래로 움직이며 폐의 부피 변화를 최대로 만든다. 우리가 복식호흡이라는 걸 하게 된 것도 이 덕분이다. 우리가 즐겨먹는 갈메기살이라고 하는 부위는 돼지의 가로막에 붙어있는 살이다.

역사 이전의 마지막 대멸종은 중생대 백악기 말에 일어났다. 이 대멸종에 대해서는 여러 가지 의견이 있다. 처음에는 운석이 떨어진 것이 맞는지를 가지고 벌인 논쟁이었지만, 지금은 멕시코 유카탄반도 칙슬루브에 운석이 떨어졌다는 것이 움직일 수 없는 증거와 함께 제시되어 사라졌다. 현재의 논쟁은 운석이 떨어지기 이전에 멸종이 진행 중이었다는 주장과, 그렇지 않다는 주장 사이의 논쟁이다. 운석이 떨어지기 전 규모는 이전의 두 멸종보다 작지만 중국의 어메이샨(아미산) 지역과 인도의 데칸 지역에서 대규모 화산분출이 일어난 것은 사실이다. 이 두 번의 화산분출이 당시 중생대 생태계를 대멸종으로 몰고 갔는가에 대한 논쟁이다. 이는 조금 더 확실한 증거들이 모여야 정리가 되겠지만 어찌되었던 이 마지막 멸종으로 공룡과 익룡, 해양 파충류의 대부분과 암모나이트 등이 멸종했다. 그리고 겉씨식물이 상당수 사라져버렸다. 그 결과는 다들 알다시피 포유류와 속씨식물의 극적인 진화방산으로 이어졌다.

대멸종은 생물계와 지구와의 상호작용이다. 생물계는 지구의 대기와 지표, 바다의 상태를 변화시켰고, 그 결과와 지구 자체의 움직임에 의해 대멸종이 일어났다. 대멸종은 다시 생태계를 뒤흔들어 새로운 질서를 짤 것을 강요한다. 생태계는 그 요구 앞에 진화의 원칙에 따라 대답한다. 그리고 그 과정에서 저산소의 위협에 대한 대응책을 세우고 현실화시켰다.

그러나 이제 제 6의 대멸종이 바로 옆에 닥쳐왔는데 이는 지구와 생물권의 상호작용으로 어찌할 바가 아니다. 바로 인간에 의해 이전의 모든 대멸종보다 빠르게 진행되는 대멸종이 지금 진행되고 있다.

과학자들의 연구 결과는 말한다. 지금 지구상에서 생물들이 멸종되는 속도는 이전의 모든 대멸종에 비할 수 없이 빠르다고. 그런데 이 대멸종은 단지 그 속도가 지나치게 빠르다는 점 말고도 이전과 다른 점이 있다. 이전의 대멸종은 산소 부족에 의해 정점을 찍고 나면, 다시 이전의 상태로 지구 환경을 되돌리는 순환구조를 가지고 있었다. 그러나 이번은 그렇지 않다. 이번 대멸종의 핵심은 인간이 너무 많다는 것이다. 인간은 원래 생태계에서 최상위 포식자다. 최상위 포식자는 다른 역할을 하는 생물에 비해 그 개체수가 가장 적어야 한다. 호랑이가 늑대만큼, 토끼만큼 있게 되면 그 생태계는 망하게 된다. 그런데 인간은 최상위포식자이면서도 수가 너무 많다. 그러니 인간은 생태계의 다른 모든 생물들과 각각의 영역에서 경쟁을 한다. 식물들과 생산자의 영역에서 싸운다. 식물이 자라야 할 곳에 인간이 먹을 곡식과 채소를 재배하면서 그들의 근거지를 뺏는다. 도토리를 놓고는 다람쥐와 다투고, 곡식을 놓고는 새와 곤충과 다툰다. 비료를 만든다고 세균이나 곰팡이가 분해해야 할 똥오줌과 꼴을 가지고 두엄을 만든다. 고등어나 참치와 멸치를 두고 다투고, 오징어를 놓고는 상어, 고래와 다툰다.

그리고 이 모든 영역에서 인간은 압도적인 경쟁력으로 이겨버린다. 생태계는 냉혹하다. 경쟁에서 진 종은 사라진다. 그리고 지금 인간은 생태계의 모든 영역에서 다른 종들을 이김으로써 모든 종을 배제시키고 있다. 자연스러운 생태계라면 이러한 생존경쟁은 문제가 되지 않는다. 권투로 따지면 페더급은 페더급끼리 싸우고, 미들급은 미들급끼리 싸운다. 각 체급에서의 승자는 따로 있다. 그리고 영원한 승자가 없어서 각 체급마다 경기를 벌일 여유가 생긴다. 그러나 지금 인간은 가장 체중이 적게 나가는 체급에서 가장 무거운 체급에 이르기까지, 권투며 유도며 모든 경기에서 압도적으로 모든 생물들을 이기고 있는 것이다. 이제 이 경기는 망한다. 오직 한 명만이 항상 이기는 경기를 누가 보러 오겠는가? 아니 누가 경기를 하려 들겠는가? 지금 지구 생태계가 그렇다. 지구의 모든 장소에서 인간은 이기고 있고, 패배한 이들을 배제시키고 있다.

그리고 지금 이 순간에도 인간은 개체수가 급속히 늘고 있다. 아마 21세기가 가기 전에 지구 전체의 인간 개체수는 100억을 훨씬 넘길 것이다. 이 많은 사람들이 입고 먹고, 자야 한다. 생활수준이 높아질수록 일인당 소비하는 에너지도 급격히 커진다. 이미 지구 생태계는 인간을 감당하기가 너무나 버거워졌다. 그리고 앞으로도 인간이 다른 생물에게 지는 일은 없을 것이다. 즉, 영원히 계속되는 대멸종인 것이다.

그레이트 베리어 리프

열대 바다 한 가운데 화산이 폭발한다. 그 폭발의 여파로 작은 화산섬 하나가 생긴다. 그러자 섬의 해안가에 산호들이 자리 잡는다.

산호는 얕고 따뜻한 바다를 좋아한다. 열대 바다에 생긴 섬 해안가는 산호들에겐 최적의 장소다. 물론 산호가 먼저 생기진 않는다. 빗물에 씻겨 내린 섬의 무기염류와 모래 흙 등은 주변의 바다를 뿌옇게 만들고, 산호가 자라기 힘들게 만든다. 그러나 섬이 생기고 얼마 있지 않아 맹그로브나 잘피와 같은 식물이 섬의 해안가에 자라고, 이들은 흘러내리는 흙을 붙잡고 정화한다. 그 바깥쪽에 산호가 자리 잡는다. 산호는 군체다. 하나하나의 폴립은 작지만 그들이 모이면 거대한 구조물을 만든다. 산호는 호흡을 통해서 스스로 배출하는 이산화탄소와 물속의 칼슘 이온으로 탄산칼슘으로 된 뼈대를 만든다. 만들어진 뼈대 위와 옆으로 새로운 폴립이 붙고, 새로운 뼈대가 만들어진다. 매일 눈에 보이지 않게 조금씩 자라나는 산호초는 섬 주변으로 거초를 만든다.

시간이 지나면 섬은 점점 줄어들고 결국 바다 아래로 내려간다. 이는 필연적이다. 섬에 내리는 비는 바위를 깎고, 자라는 식물은 흙을 만든다. 일부는 붙잡고 있지만 일부는 끊임없이 바다로 빠져나간다. 그리고 해안의 파도는 섬을 바깥에서부터 공략한다. 파도는 섬에 와서 포말로 사라지지만 그 에너지는 섬을 깎는다. 그리고 이 섬이 만약 해령에서 만들어진 것이라면 시간이 지남에 따라 섬은 점점 물 속으로 내려간다. 해양판이 이동하면서 점차 바다가 깊어지기 때문이다. 섬은 줄어들지만 산호초는 사라지지 않는다. 내려가는 해수면과 경쟁하듯이 산호는 자신이 만든 뼈대위에 새로운 뼈대를 만들어 올리며 버틴다. 섬과 산호 사이에 틈이 생기고 그 사이에 바다가 자리잡는다. 산호는 보초(堡礁)[21]가 된다.

결국 섬은 완전히 가라앉았지만 산호는 고리모양으로 남는다. 이제 산호는 환초(環礁)[22]가 된다. 섬은 사라지고 오직 산호초만 남았다. 수면 아래로 내려가면 여전히 섬의 모양을 한 해산이 있지만 수면 위

---

21 섬을 고리 모양으로 둘러싼 산호초를 보초라고 한다.
22 섬이 사라진 뒤 고리 모양으로 남은 산호초를 환초라고 한다.

→ 인공위성에서 찍은 그레이트 베리어 리프

에는 오직 환초만 고리 형태로 남았을 뿐이다. 환초는 이후로도 계속 자란다. 어린 산호 폴립은 산호초에 다시 붙어서 스스로를 키워나간다. 그리고 산호초와 산호초 사이 바다를 떠돌던 흙들이 자리 잡고, 얕으나마 육지를 만들면 이제 환초는 엄연한 섬이 된다. 산호초 사이 흙이 담기고, 흙에서 맹그로브나 잘피 같은 뭍 식물이 자란다. 그 주변으로 조금씩 모래와 흙들이 모이면서 야자수가 숲을 이루고, 백사장이 만들어진다.

처음 자리를 제공한 것은 어머니 지구다. 바다 밑바닥에서부터 맨틀의 거대한 움직임에 힘입어 올라선 화산이 산호가 자랄 터전을 제공한다. 그 뒤로는 오로지 생물의 몫이었다. 일단의 산호가 자리를 잡은 뒤에는 산호가 산호를 불러 섬이 사라진 그 곳에 새로운 섬을 만든다. 오스트레일리아 동북 해안 쪽에 있는, 달에서도 보인다는, 2000km가 넘는 길이의 대보초(大堡礁)Great Barrier Reef나 미크로네시아에 있는 지름이 40km에 달하는 축 환초Chuuk lagoon는 이러한 생태계의 지구에 대한 응답이다.

지금도 태평양과 대서양, 인도양에는 산호가 만든 보초와 환초, 거초들이 즐비하다. 그러나 이 모든 산호초들은 지금 수면 아래로 사라질 위기에 처해있다. 두 가지 문제가 있다. 먼저 해양 오염이 심하다. 산호는 맑고 깨끗한 그리고 따뜻한 바다에서 자란다. 그런데 산호가 자라는 많은 바다가 인간이 버린 각종 쓰레기와 폐수로 오염되고 있다. 이런 곳에선 산호와 공생을 하는 조류들이 제대로 광합성을 할 수가 없다. 조류가 떠나면 산호는 형형색색을 빛깔을 잃어버리고 하얀색이 된다. 이를 백화현상(白化現像)이라고 한다. 우리나라의 남해안과 제주에서도 이미 이런 백화현상이 심각한 문제로 나타나기도 한다. 조류가 떠나면 산호는 이전보다 훨씬 더디게 생장하거나 생장을 멈춘다. 그곳에 오염된 바다의 제왕 불가사리가 찾아온다. 불가사리는 별 아래 감추어진 입으로 말미잘과 산호를 깨서 먹는다. 이런 곳은 아무리 따뜻한 바다라도 생명체들은 거의 없다. 해조류도 없다.

오직 불가사리만 가득하다.

또 하나 온실효과로 인한 기온 상승은 빙하를 녹여 해수면을 상승시킨다. 바닷물도 온도가 상승하면 부피가 커져서 이에 일조한다. 산호초로 이루어진 많은 섬들이 지금 물속으로 가라앉을 위기에 처해있다. 일부는 이미 가라앉았고, 일부는 진행형이다. 몰디브, 투발루 등 많은 섬나라들이 실제로 나라 전체가 사라질 위기 속에 전전긍긍하고 있다.

산호는 바다 생태계 전반을 떠받치고 있을뿐더러, 종다양성의 보고다. 바다의 열대우림이다. 그리고 지구 대기에 산소를 공급하는 역할도 맡고 있다. 산호가 사라지면 그만큼 산소 공급은 줄고, 이산화탄소의 흡수율도 줄어들 것이다. 이산화탄소가 흡수되지 않으면 온실효과는 더욱 강력해질 것이다. 우리는 산호와 함께 멸종의 길을 같이 걷고 있는지도 모른다. 지구가 만들어준 산호초를 지금 인간이 허물고 있다.

석회암과 대리석

19세기 자본주의에 대해 회의적이었던 이들은 급진적 사상인 사회주의와 무정부주의로 모인다. 그중 사회주의 사상은 구소련을 위시한 많은 지역에서 혁명을 통해 국가를 세웠지만 애초에 정부 자체가 민중에 대한 억압기제라고 생각했던 무정부주의자들은 다양한 저항운동에서 큰 족적을 남기지만 성공적인 사례를 만들진 못했다. 하지만 그들의 아나키즘은 사회의 여러 분야에 걸쳐 아주 큰 영향을 미치고 있다. 그 무정부주의자들이 처음으로 국제 무정부주의자 협회를 만든 곳은 이탈리아 토스카냐 주의 카라라Carrara다. 카라라는 이탈리아 무정부주의 운동의 중심지였다. 이곳은 고대 로마시절부터 양질의 대리석이 나는 곳으로 유명하다. 고대 로마의 판테온 신전과 트라야누스 원주가 이 대리석으로 제작되었고, 르네상스 시기에도 많은 조각가들이 이 대리석으로 작업을 했다. 미켈란젤로의 조각상들도 모두 이곳의 대리석을 재료로 했다. 현대에도 비앙코 카라라^{Bianco} ^{Carara}는 이 지역에서 나는 흰색 대리석을 칭하는 것으로 세계 곳곳으로 수출되고 있다. 기실 카라라의 무정부주의 역시 대리석을 채굴하고 다듬던 채석장과 세공소의 노동자들을 중심으로 번져나갔다. 이들 노동자들은 한편으로 대리석을 캐고 다듬으면서, 다른 한편으론 자본주의를 넘어서는 이상사회를 위한 꿈을 캐고 있었다. 이들의 대리석이 세계 곳곳으로 번져가듯 자신들의 무정부주의도 국가와 정부의 벽을 넘어 전 세계의 노동대중에게 퍼져가길 원했을 것이다.

이들이 캐고 다듬는 대리석은 카라라 도시를 굽어보는 아푸아네 알프스 산맥에서 난다. 이곳의 산들은 전체가 대리석으로 이루어져 있다. 일부도 아니고 산 전체가 대리석인 곳은 세계적으로도 대단히 희귀한 곳이다. 이곳의 대리석을 만든 것은 아프리카다. 신생대가 시작되면서 로라시아 대륙의 한 부분이었던 아프리카가 북상하면서 이탈리아는 유럽대륙과 부딪치게 되었다. 그 결과가 알프스 산맥인 것. 그중 일부였던 아푸아네 산맥도 마찬가지다. 석회암이었던 이 지역은 아프리카 대륙과 유럽대륙이 부딪치는 경계에서 양쪽으로부터 엄청난 압력을 받는다. 그 결과로 석회암이 변성되면서 대리석이 만들어진 것. 엄청난 압력과 그로 인해 발생된 높은 온도는 석회암의 결정 구조를 바꿔 우리가 알고 있는 미끈한 대리암을 만들었다.

그럼 아푸아네 알프스 산맥을 만든 석회암은 어디서 왔는가? 그 석회암은 아프리카와 유럽 사이에 있던 바다에서 만들어졌다. 따지고 보면 산호는 그 석회암을 실제로 만든 생물이다. 바다는 생물들이 호흡을 하는 과정에서 발생하는 이산화탄소와 바닷물에 녹아있는 칼슘 이온으로 탄산칼슘을 만든다. 산호를 이루는 폴립은 이 탄산칼슘을 흡수하여 자신이 들어갈 집을 만드니 이가 곧 산호다. 탄산칼슘으로 껍질을 만드는 것은 산호 뿐만은 아니다. 연체동물인 조개도 자신의 껍질을 탄산칼슘으로 만들고, 갑각류인 게도 그러하다. 그리고 스폰지라는 말의 원래 주인인 해면동물도 탄산칼슘으로 된 외골격과 내골격을 가진다. 그러나 가장 많은 양의 탄산칼슘은 바다에서도 가장 작은 생물에 의해 만들어진다. 석화비늘편모조라 불리는 식물성 플랑크톤은 열대에서 한대까지 모든 바다에 사는데 크기는 천분의 3밀리미터 정도다. 이들이 죽고 난 뒤 바다 밑바닥에 떨어지는 탄산칼슘 뼈대는 1년에 약 150만 톤 정도일 거라고 추정된다.[23]

석회암으로 된 대표적 건축물로 이집트의 피라미드를 꼽을 수 있다. 이 피라미드를 조사해보니 포라미니페라Foraminifera라는 유공충이 침전하여 형성되었다는 것을 알게 되었다. 이 유공충은 현재도 지구 바다 곳곳에 살고 있다. 이들이 죽고 난 뒤 바다 밑바닥으로 침전

---

23 『기후변화의 주범 CO2 감축 뉴 바이오텍』, 윤실 저, 전파과학사, 2013년

되는 탄산칼슘의 양은 연간 약 4,300만 톤에 달한다고 한다. 가장 작은 생물들이 가장 많은 유해를 남기는 것이다.

이들의 사체가 바다 밑바닥에 몇백 미터, 몇천 미터의 깊이로 쌓인다. 아래쪽은 위에서 누르는 힘에 의해 부셔지고 다져지고, 마침내 석회석이 된다. 이렇게 만들어진 석회암은 해양 지각의 제일 위쪽에 자리 잡게 된다. 그리고 해양판이 이동함에 따라 같이 이동하다가 다른 판과 만나게 되는 것이다. 두 판이 충돌하면 그중 일부가 솟아올라 육지가 된다. 우리는 이렇게 형성된 석회암층을 전 세계 곳곳에서 볼 수 있다. 프랑스와 마주 보고 있는 도버해협 건너편 영국 남부의 하얀 절벽은 이렇게 형성된 석회암층이 융기하면서 만들어진 것이다. 반대쪽 해안의 프랑스에선 석회암으로 이루어진 카르스트 지형이 발달해있다. 중국 계림의 절경도 바로 이 석회암이 비와 강의 도움을 받아 만들어낸 것이고, 우리나라 삼척에선 이를 캐내어 시멘트를 만든다. 생물은 지구가 준 이산화탄소와 칼슘으로 석회암을 만들어 다시 돌려준 것이다. 현재 지구 지표의 75%는 이런 퇴적암이다. 물론 지구 내부는 대부분 마그마가 굳어서 된 화성암으로 이루어져 있지만 우리가 발 디디고 선 지구 표면은 생물의 역사와 함께 완전히 변해버린 것이다.

지금도 해양생물은 끊임없이 탄산칼슘을 흡수해 석회암을 만들고 있다. 그리고 이는 지구 전체에서 퇴적암을 만드는 것 이상의 중요성을 띈다. 대기 중의 이산화탄소는 그 일부가 바다에 녹는다. 그

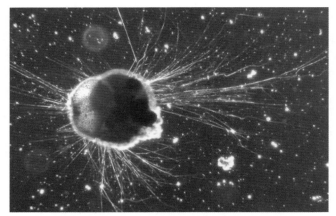

➡ 피라미드의 건축재료인 석회석은 이 유공충으로부터 시작되었다

러나 바다에 녹는 양에는 한계가 있다. 이산화탄소의 농도가 일정 비율에 달하면 포화상태가 되어 더 이상 녹지 않게 된다. 그러나 바다의 많은 생물들이 바다에 녹은 이산화탄소로 탄산칼슘을 만들어 저장하면, 그만큼 바다에 녹을 수 있는 이산화탄소의 양이 늘어난다. 그래서 우리 인간들이 그렇게도 많은 이산화탄소를 내놓음에도 불구하고, 대기 중 이산화탄소의 농도는 서서히 올라가는 것이다. 만약 바다에서 이산화탄소를 흡수하지 못한다면 대기 중 이산화탄소의 농도는 급격히 올라가게 되고, 지구 전체는 지금보다 훨씬 더 빠르게 온도가 올라갈 것이다. 바다 속 생물들은 지구 전체의 이산화탄소 농도를 일정하게 유지하는 조절자의 역할을 하는 것이다.

그런데 요사이 문제가 생겼다. 물론 인류에 의해 만들어진 문제다. 인류의 화석연료 사용으로 대기 중 이산화탄소의 농도가 이전보다 더 높게 올라간 것이 문제다. 대기 중 이산화탄소의 농도가 높아지니 따라서 바다의 이산화탄소 농도도 높아졌다. 그런데, 이렇게 이산화탄소의 농도가 높아지면, 오히려 탄산칼슘은 다시 녹는다. 우리는 지상에서 그 광경을 관찰할 수 있다. 바깥에 내놓은 대리석 동상들이 빗물에 씻겨 여기저기 균열이 가고, 코나 귀처럼 튀어나온 곳은 뭉툭하게 변하는 현상이 그것이다. 이집트의 피라미드 앞을 지키는 스핑크스의 코가 사라진 것도 동일한 이유다. 빗물에는 대기 중의 이산화탄소가 녹아 있는데 이런 빗물에 탄산칼슘 성분으로 된 대리석이 녹는 것이다. 바로 이런 일이 지구의 바다 곳곳에서 일어나고 있다. 남극이나 북극 같은 지역을 시작으로 바다 속 이산화탄소의 농도가 높아짐에 따라 탄산칼슘으로 만들어진 해양생물의 뼈대 바깥쪽이 부식되고 있다는 것이다. 양극지역의 새우나 게와 같은 생물들이 외골격의 바깥 부분이 부식되면서 정상적인 생명활동을 못하는 경우도 목격된다.

이런 현상이 더욱 광범위해지면, 먼저는 해양생물들이 치명적인 피해를 입을 것이다. 일차적으로는 탄산칼슘으로 골격을 만드는 식물성 플랑크톤과 유공충들이 타격을 입을 것이고, 이들을 먹고 사는 다양한 생물들이 연속적으로 타격을 입게 된다. 해양 생태계가 근본부터 흔들리게 되는 것이다. 그리고 이들에 의해 탄산칼슘이 흡수되지 못하고, 가라앉지 못하면, 해수의 이산화탄소 농도가 더 높아져, 바다가 대기 중 이산화탄소를 흡수할 수 있는 여력이 줄어든다. 연이은 결과는 불을 보듯이 빤하다. 바다에 흡수되지 못하는 이산화탄소는 대기 중에 쌓이고, 지구의 온도를 더욱 올리게 될 것이다.

가장 무서운 것은 이렇게 온도가 올라가다 보면 해저 깊숙이 자리 잡고 있는 메테인하이드레이트가 녹아서 솟아오르는 것이다. 지난 대멸종들이 말해주듯 이런 상황은 지구 전체에 엄청난 재앙이다. 지구와 생물계가 서로 주고받으며, 지구 전체의 탄소를 순환시키던 시스템이 인간에 의해서 무너지려 하고 있다.

07

인간과 함께

손이 먼저 저지른 죄들로

인류는 날마다 체한 채 지구를 돌린다.

종생토록 죄값을 치러도

손이 있는 한 반성하지 않으며

"손", 김소연

그리스 신화의 우라노스는 땅의 여신 가이아와 함께 최초의 신 중 하나다. 그는 가이아와의 사이에서 여럿의 자식을 낳으나 그 때마다 자식을 깊은 곳에 가두어버린다. 하지만 마침내 크로노스에게 거세당하고 만다.

거세당한 우라노스는 비록 죽지는 않았지만 더 이상 신화에 등장하지 않는다. 대신 크로노스가 세상을 지배한다. 그리고 크로노스는 낳은 자식을 족족 먹어버리지만 결국 제우스에게 제압당한다.

지구 생태계 또한 수십억 년의 세월을 거치며 많은 생물의 낳고 지구와 공진화해왔지만 이제 그 마지막 아들인 인간으로 인해 커다란 위협에 직면해있다. 과연 신화 속의 우라노스처럼 지구 생태계도 인간에 의해 거세당하고 더 이상 다양한 생물을 품고 만들지 못하는 운명에 처할 것인지 아니면 다른 방법으로 다시 살아날 수 있을지 아직은 아무도 모른다. 그러나 나처럼 회의적인 사람은 인간에 의한 문명이 발달하면 할수록 지구 생태계가 동물원의 동물처럼, 국립공원 안의 제한된 자연처럼 거세된 채 남게 되는 운명을 가게 될 것이란 심증을 가진다.

인간은 아마도 지금 지구에 살고 있는 생물들 중 가장 마지막에 나타난 생물종 중 하나일 것이다. 아프리카의 열대우림에서 살던 영장류 중 하나였던 인간은 지구판의 움직임에 따라 낙원에서 쫓겨난 아담처럼 열대우림에서 쫓겨났다. 그 이후 몇백만 년의 시간 동안 인간은 눈부신 진화의 과정을 거쳐 현재에 이르고 있다. 그 사이 인간과 생태계의 다른 생물들

사이에선 어떠한 일이 있었을까? 또 인간은 지구 전체를 지배하는 현재의

지위에 이르기까지 주변의 생물들에게 어떤 영향을 끼쳤을까?

이 책의 마지막 여정은 인간의 길을 좇아간다.

숲이 남긴 유산

오스트랄로피테쿠스가 아프리카에 모습을 드러낸 것은 길게 잡으면 500만 년 정도 된다. 우리가 오스트랄로피테쿠스를 인류의 기원으로 보는 것은 그들이 최초로 직립보행을 했기 때문이다. 직립보행은 이들이 숲에서 쫓겨나 초원으로 나왔음을 보여준다. 그때 어떤 일이 있었던 걸까?

아프리카는 원래 남극, 오스트레일리아, 인도, 남아메리카와 함께 곤드와나라는 초대륙을 이루고 있었다. 맨틀 대류에 의해 곤드와나대륙을 이루고 있던 판들이 산산조각 나면서 그중 하나가 아프리카가 되었다. 아프리카는 다른 대륙과 헤어져서는 슬슬 남반구에서 적도 위쪽으로 올라오기 시작했다. 아프리카가 향하는 곳에는 유럽이 여러 개의 섬으로 군도를 이루고 있었다. 둘의 사이가 가까워지고, 둘을 태운 판이 충돌하기 시작했다. 그 여파로 유럽에는 알프스 산맥이 생겼고 비로소 대륙의 면모를 갖췄다. 반대쪽 아프리카에는 북서쪽 해안 지방에 아틀라스 산맥이 생겼다. 지금의 튀니지, 모로코가 있는 곳이다. 아틀라스 산맥은 대서양에서 아프리카로 부는 습기 가득한 바람을 차단한다. 대부분 열대우림이었던 아프리카가 차츰 건조해졌다. 또 하나의 사단은 아프리카 내부에서 일어났다. 아프리카의 북동쪽 위에서 아래로 대륙의 동쪽을 가로지르는 열곡이 생겼다. 즉 아프리카가 두 쪽이 나기 시작한 것이다. 위쪽의 열곡은 홍해가 되었고, 아라비아반도가 아프리카로부터 떨어져나갔다. 그 아래쪽으로는 그레이트리프트밸리가 형성되었다. 지금의 대서양중앙해령이 그러하듯이 판이 양쪽으로 찢어지는 곳에선 지하 깊은 곳의 마그마가 올라오고, 그 여파로 높은 산맥이 생긴다. 킬리만자로산 등이 이때 화산분출로 생겨났다. 그리고 산맥의 가운데는 호수가 된다. 나일강의 발원지인 빅토리아 호수 등도 이때 만들어졌다. 지금의 에티오피아에 해당하는 아프리카 동쪽의 고원지대는 이제 인도양에서 불어오는 습기 가득한 해풍을 막아버린다.

아프리카 대륙의 양쪽 바다에서 불어오던 습기 찬 해풍이 차단되면서 아프리카의 북쪽은 건조한 기후가 되고 거대한 초원지대를 이룬다. 열대우림은 아프리카 중부의 서해안 지역으로 줄어든다.[24]

대륙의 이러한 변화는 열대우림에 살던 생물들에겐 커다란 재앙이었다. 줄어드는 열대우림에서 생존경쟁은 더욱 치열해졌다. 영장류들도 마찬가지. 어떤 영장류는 경쟁에서 이겨 줄어든 열대우림에 남고, 경쟁에서 진 영장류는 멸종하거나 초원으로 쫓겨났다. 인류의 조상은 패배자였다.

나무에서 내려와 초원에 선 인류의 조상은 그러나 열대우림에서 얻은 두 가지 능력을 가지고 있었다. 하나는 나머지 네 손가락과 다른 방향으로 돌아간 엄지였고, 다른 하나는 색깔을 구분하는 눈이었다. 침팬지나 보노보의 앞발과 뒷발을 보면 둘 다 유사하게 생겼다. 엄지발가락도 엄지손가락처럼 다른 방향으로 돌아간 것. 우림지역에서 나뭇가지를 잡고 다니게끔 진화가 된 결과물이다. 초원으로 내려오면서 발은 직립보행에 알맞게 현재의 모습으로 바뀌었지만 손은 그대로다. 다만 이전에는 나무와 나무사이를 옮겨 다니기 위해 쓰였다면 초원에서는 도구를 쥐기 위해 사용되었다는 차이만이 있을 뿐이다. 초원에서 이들은 돌멩이를 손에 쥐고 다른 동물의 두개골을 내리쳐 깨트리는 데 이를 사용했다. 또는 사냥하거나 채집한 먹이를 거

---

24 사족을 달자면 사하라 사막의 많은 부분은 인간이 만든 것이다. 판의 이동은 대륙을 건조하게 만들었지만 그럼에도 불구하고 북아프리카는 대부분 초원지대였다. 약 1만 년 전부터 일부 지역이 사막화되긴 했지만 그 영역은 좁았다. 그리고 사막 주변의 초원지대에는 인간에 의한 관개농업이 발달했다. 그러다 로마제국이 무너지면서 사막 주변의 관개농업지역이 주변 유목민족에 의해 황폐화되었다. 이미 농사로 지력의 많은 부분을 잃은 지역은 야생의 식물들이 자리 잡을 사이도 없이 급속도로 사막화가 진행되었다. 아프리카 북부 해안지역은 이 시기에 모두 사막이 되었다. 결국 대륙의 이동은 아프리카에 초지를 만들어서 인간을 탄생시켰고, 인간은 초원을 사막으로 만들어 그에 보답한 것이다.

주지로 옮기는 데도 유용했을 것이다. 혹은 다른 천적이 공격할 때 방어를 위해 나뭇가지를 휘두르기도 했을 것이다. 어찌되었든 이들은 숲에서 준 하나의 선물, 도구를 쥘 수 있는 손을 가지고 초원에 섰다. 이들이 초원에서 살아남을 수 있었던 하나의 이유다.

또 하나 숲의 선물은 눈이다. 대부분의 포유동물은 색맹이다. 시각 세포 중 간상세포는 밤 시간의 작은 빛으로도 사물을 구분하게 해주었고 대신 종류는 하나뿐이어서 색 구분을 하지 못한다, 원추세포는 여러 종류를 가질 수 있지만 빛의 세기가 어느 정도는 되어야 감지할수 있다. 야행성이던 포유류의 경우 여러 가지 원추세포가 있는 것보다는 간상세포가 더 요긴했다. 또 원추세포가 있더라도 대부분 두 가지 종류뿐이었다. 제대로 사물의 색을 구분할 수 없었다. 하지만 숲 속에서 과일을 주로 먹으며 살던 영장류들은 과일의 색을 잎사귀와 구분할 수 있도록 진화되었다. 원추세포가 세 종류가 되면서 이들은 현재의 인류와 같이 색을 구분할 수 있게 된 것이다. 열대우림에서 살았던 과거는 이렇게 인류에게 예기치 않던 선물 하나를 더 주었다.

초원에 섰을 때 이런 눈을 가지게 된 건 행운이었다. 밤을 도와 사냥을 하는 사자나 하이에나를 피해 낮에 주로 먹이 활동을 했던 인류는 낮 시간대의 다양한 색조를 구분함으로써 여러 가지 이점을 가졌다. 대부분의 포유류들이 색에 민감하지 않음으로 인해 낮 시간대의 위장색은 어설펐고, 인간은 초원의 풀과 이들을 구분할 수 있었다.

또한 인간의 눈은 둘 다 앞쪽을 향해 있다. 인간 뿐 아니라 숲 속의 영장류는 모두 그러하다. 이러한 눈은 시야가 좁아지는 단점이 있지만 사물과의 거리를 정확히 가늠할 수 있는 입체시를 준다. 나무와 나무 사이를 오가던 영장류에겐 필수적인 항목이었다. 초원에 선 인류의 눈도 그러하다. 그리고 이제 초원에서 이런 눈은 먹잇감과의 거리를 가늠하는 데 커다란 도움을 주었다. 좁은 시야는 여러 명의 협력으로 충분히 극복할 수 있었다. 초원에서 인간은 그 눈으로 하늘을 봤다. 신을 동경했기 때문이 아니다. 독수리가 어디서 날고 있는지를 보는 것이다. 독수리가 날고 있는 곳은 높은 확률로 사자나 다른 대형 육식동물이 사냥에 성공한 곳이다. 독수리는 사자가 사라지기를 기다리며 그 상공을 선회한다. 인류는 숲에서 얻은 시력으로 독수리를 보고, 그곳을 향해 달린다. 수십 명, 수백 명으로 이루어진 인류의 무리가 도착하면 사자도 별 수 없이 자리를 비켜줄 수밖에 없다. 물론 사자 무리는 이미 가장 영양가 높은 내장은 다 먹어치운 다음이다. 귀찮으니 더 먹을 수 있지만 조금 먼저 비켜주는 것이다.

인류는 숲이 남긴 유산이 도구를 쥘 수 있는 두 손과, 입체시이면서 색을 구분할 수 잇는 두 눈을 가지고, 이제 초원에 적응한 두 다리로 대지 위에 섰다.

털과 땀

우리 인간은 포유류다. 포유류의 특징은 알이 아니라 새끼를 낳고, 젖을 먹이고, 피부 표면이 털로 덮여있는 것이다. 몇 가지 예외적인 상황은 있지만 대부분의 포유류는 저 세 가지 특징을 가지고 있다. '털이 포유류만의 특징이라고?' 이런 의문을 가지는 독자도 있을 것이다. 충분히 가능한 의문이다. 벌이나 나방 같은 곤충들도 털을 가지고 있고, 지렁이 중에도 털을 가진 녀석들이 있다. 새도 깃털을 가진다. 하지만 이들의 털은 키틴질이나 베타케라틴이라는 물질로 이루어져 있다. 또 이들의 털이 만들어진 구조와 기원도 포유류와는 다르다. 새의 깃털은 파충류의 비늘이 변한 것이지만, 포유류의 털은 표피와 무관하다. 그리고 오직 포유류만이 알파케라틴으로 만들어진 털을 가진다. 알파케라틴도 한 가지가 아니다. 인간은 67가지 종류의 알파케라틴 단백질 유전자를 가지는데 그중 반수는 피부 상피 세포를 만드는데 쓰이고 17가지가 손톱, 발톱, 혀 표면 등을 만드는데 쓰이는데 털을 만드는 케라틴도 여기에 속한다. 포유류라는 집단의 고유한 특성이 바로 털인 것이다. 하지만 사람의 경우 머리털과 눈썹 등 몇 몇 부위를 빼고는 거의 털이 없다. 왜 사람만 유독 털이 없을까? 사실 정확하게 말하자면 털이 없는 것이 아니라 아주 작고 가는 솜털로 바뀌었다고 해야 한다. 털의 개수는 변함이 없지만 털이 짧고 가늘게 나기 때문에 피부 표면 대부분이 겉으로 드러나는 것이다. 이

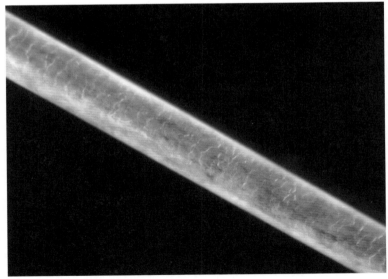

➡ 300배로 확대한 인간의 머리카락

모든 진화는 공진화다

에 대해서 두 가지 가설이 있다. 둘 중 하나가 맞는 것이 아니라 둘 다 털이 사라지는 진화를 촉발시킨 원인으로 보인다.

첫 번째 이유는 땀샘이 생긴 것과 관련이 있다. 땀샘은 원래 두 가지 종류다. 에크린 땀샘^{eccrine gland}이 있고 아포크린 땀샘^{apocrine gland}이 있다. 에크린 땀샘은 피부 전체에 골고루 퍼져있고 아포크린 땀샘은 겨드랑이나 유두, 사타구니 등에 분포되어 있다. 아포크린 샘은 다른 포유류에게서도 발견할 수 있지만 에크린 땀샘은 영장류에게만 있으며 특히 인간에게 많이 분포해있다. 사실 포유류 전체를 통틀어 제대로 에크린 땀샘을 가지고 있는 건 인간밖에 없다고 해도 과언이 아니다. 우리가 흔히 땀샘이라고 말하는 건 에크린 땀샘이다.

다른 포유류는 대부분 땀샘이 아예 없거나 아니면 콧잔등 발바닥 등 일정 부위에만 존재한다. 사실 털과 땀은 공존하기 힘들다. 땀샘에서 땀이 흘러나왔을 때 그 부위가 털에 덮여 있다고 생각해보라. 땀은 털 속에 갇혀 증발되지 않고 축축한 상태를 유지하게 된다. 털 속의 기생생물들에게는 더할 나위 없이 좋은 조건이겠지만 포유동물들에게는 유쾌한 일이 아니다. 하지만 털은 피부의 보호와 온도가 내려가는 밤의 체온유지에 필수적이다. 더구나 털의 독특한 무늬는 천적을 속이기도 하고, 성선택을 유발하기도 한다.

그래서 대부분의 동물은 털을 포기하지 못하고 체온조절을 다른 방식으로 한다. 사막의 여우가 귀가 큰 것도, 개가 혀를 내밀고 헐떡이는 것도, 코끼리가 진흙 목욕을 하는 것도 그 한 방법이다. 또는 사자처럼 낮에는 그늘에서 쉬고 밤에 주로 사냥을 하는 경우도 많다. 털이 없는 포유류는 아르마딜로나 고래, 벌거숭이두더지쥐 그리고 코끼리 정도뿐이다.

하지만 인간은 털을 없애고 땀샘을 열어야 했다. 가장 중요한 이유는 처음 인간이 열대우림에서 내려와 직립보행을 시작한 곳이 동아프리카의 초원지대라는 점이다. 초원에서 인간은 무력했다. 먹이를 구할 방법이 별로 없었다. 인간에게 무기란 직립보행과 무리를 짓는 것 두 가지뿐이었다. 결국 인간은 지구력으로 승부를 할 수 밖에 없었다. 인간은 치타나 말보다 느리고, 사자나 호랑이만큼 강한 이빨과 발톱도 없지만 어느 누구에게도 지지 않을 지구력을 가지고 있었다. 직립보행 덕분이다. 인간의 척추와 골반, 그리고 다리는 오래 걷거나 뛰기에 최적화된 구조다. 아프리카에서는 아직도 오래 추적을 해서 사냥감을 잡는 사냥방식이 있다. 오래 걷기와 달리기는 그러나 사냥에만 이로운 것은 아니다. 드넓은 초원에서 사자가 사냥한 뒤 남긴 먹이를 얻기 위해서도, 강가에서 조개를 캐고 물고기를 잡기 위해서도, 숲으로 들어가 과일을 따기 위해서도 오래 걸어야 했다. 물론 사냥에도 큰 도움이 되었다. 대부분의 포유류는 15분~20분 이상을 뛰지 못한다. 인간보다 훨씬 빠르지만 그 대신 근육에서의 에너지 소모가 크고, 그만큼 체온이 빠르게 오르기 때문이다. 물론 털도 체온이 오르는 것에 한 몫 한다. 그래서 집단을 이룬 인간이 1시간이고 2시간이고 뒤를 쫓으면 결국 탈진으로 쓰러지고 마는 것이다.

하지만 이렇게 오래 걷는 것은 인간에게도 위험하다. 인간도 걷다보면 체온이 올라간다. 마라톤 경기를 할 때 선수들이 중간 중간 놓인 물병을 마시기도 하지만 대부분 머리부터 뒤집어쓰는 것도 체온을 낮추기 위해서다. 더구나 인간이 직립보행을 하면서 바로 서자 직사광선에 노출되는 부위가 늘어났다. 체온이 더 오를 수밖에 없다. 또한 인간이 가진 가장 좋은 감각기관은 눈이니 다른 동물처럼 밤에 사냥을 할 수도 없다. 빛이 없는 시간에는 눈보다 코나 귀가 더 중요한 것이다.

그래서 인간은 땀을 배출해서 체온을 조절하기로 했다. 그리고 땀이 잘 증발할 수 있도록 털을 버렸다. 스스로 결정했다기보다는 털이 적은 인간 조상들만 살아남았다고 하는 것이 정확할 것이다. 그러나 이런 변화는 역설적으로 인간이 더 많은 도보를 하도록 만들었다. 한낮에 사냥을 하고, 먹이를 구하는 일을 하면서 체온조절을 하려면 인류가 진화한 것처럼 땀을 흘려야 한다. 그러나 땀으로 달아나는 수분은 다시 인류에게 더 많이 물을 마시게 만든다. 그래서 건조한 초원지대에서 드문드문 물이 있는 곳을 확인하고, 이전보다 더 자주 물을 마시러 가야했다. 하지만 직사광선이 머리를 달구면, 그렇지 않아도 에너지 소모가 많아 높은 온도를 유지하는 뇌가 타버릴 우려가 있어서 다른 부위의 털은 사라졌지만 머리카락만은 남았다. 우리들 대부분이 대머리는 아닌 이유다.

머리카락과 눈썹을 제외하고 나머지 털이 남아있는 부분은 정확히 아포크린 샘이 있는 곳과 일치한다. 겨드랑이와 성기 주변, 그리고 유두 주변이다. 이유는 아포크린 샘이 체온 조절을 위해 생긴 것이 아니기 때문이다. 인간은 페로몬의 영향을 가장 적게 받는 포유류긴 하지만 애초에 페로몬을 통한 커뮤니케이션을 했던 영장류의 일종이다. 이런 페로몬을 방출하는 곳이 바로 아포크린 샘이다. 따라서 이곳에서 분비되는 물질은 너무 빨리 증발되는 것이 오히려 손해다. 더구나 여기서 나오는 내용물은 인간에게 유익한 지방산 등도 포함되어 있다. 너무 많이 나오면 아까운 액체다. 그래서 증발을 지연시키고 효과를 오래 끌 수 있도록 털이 남아있다고 볼 수 있다. 물론 아주 좁은 영역이어서 그 정도의 털로는 체온 조절에 큰 문제가 없기 때문이기도 하다. 흔히 속옷을 오래 입거나 겨드랑이에서 땀이 많이 나면 좋지 못한 냄새가 나는 것도 바로 지방산이 분해되면서 발생하는 냄새 때문이다.

최초의 인간은 또한 모두 흑인이었다. 혹시 침팬지나 고릴라의 털을 민 맨 피부를 본 적이 있나? 그들의 피부는 모두 하얀색에 가깝다. 인간만 그들보다 진한 피부색을 가지고 있다. 열대의 직사광선, 더구나 건조한 초원지대. 자외선은 인간에게 치명적일 수 있다. 이 자외선으로부터 피부를 보호하기 위해 멜라닌 색소가 피부 표면에 자리 잡았고, 인간은 모두 검은색의 피부를 지니게 되었다. 예전에는 흑인과 백인, 황인종이 서로 다른 진화를 통해 다른 피부색을 가지게 된 것이라고 생각하는 이들도 많았지만 지금은 그렇지 않다. 자외선이 강하면 피부는 검어지고, 자외선이 약해지면 피부는 희게 변한다. 아프리카의 원주민과 파푸아뉴기니의 원주민, 그리고 남아메리카의 원주민들은 모두 피부가 검지만 서로 완연히 다르다. 북아프리카의 원주민은 유럽인과 가깝고, 파푸아뉴기니의 원주민은 대만이나 중국인과 가까우며, 남아메리카의 원주민은 우리나 몽고와 가깝다. 피부색은 결국 어디에 살고 있느냐에 의해서 결정되는 것이고, 우리 모두의 선조는 뜨거운 아프리카에 살았던 흑인이다.

어찌되었건 인간이 털을 벗고 온몸에 땀샘을 분포시킨 건 결국 인간의 포식활동에 관계된 것이다. 하지만 털이 사라진 이유에 대해 또 다른 가설이 있다. 바로 기생생물과의 관계다. 동물원에서 혹은 다큐 프로그램에서 침팬지나 다른 원숭이들이 서로 털고르기를 해주는 장면을 봤을 것이다. 윤택한 털은 그 자체로 건강함의 상징이고, 따라서 상대 성(性)의 선택을 받는데 중요하다. 그리고 잘 골라지고 피부에서 분비된 유지성분이 잘 발라진 털은 어느 정도 방수기능도 하며, 체온 유지에도 도움이 된다. 하지만 털고르기의 결정적인 이유는 털에 기생하는 기생생물들을 잡는 것이다. 인간의 경우도 머리카락이나 겨드랑이 등 털이 난 부위에는 꼭 기생충이 있었으며, 옷을 입게 되면서 옷과 피부 사이에 기생하는 기생생물과의 기나긴 전쟁을 겪어왔다는 걸 생각하면 이해가 될 것이다. 성기 주변에 나는 음모에는 사면발이라는 일종의 곤충이 사는 경우도 있고, 머리카락에는 머릿니가 산다. 뭐 이런 기생생물들은 요즘 보기가 드무니 우리와 무관

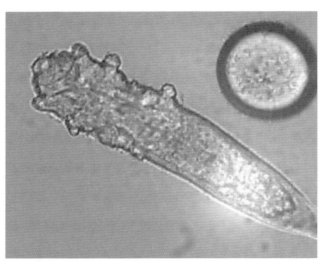
➜ 우리들 대부분이 가지고 있는 모낭충

하다고 할 수 있다. 하지만 진드기의 일종인 모낭충 *Demodex folliculorum* 은
전세계인구의 97~98%가 가지고 있다. 나머지 비감염자는 단지 신생
아들뿐이다. 즉 우리 모두는 모낭충을 가지고 있는 것이다. 단어 그대
로 털뿌리를 둘러싼 모낭에 사는 녀석들이다. 인간에 기생하는 모낭
충은 두 종류로 하나는 모낭에 살고 다른 하나는 피지선에 산다. 몸
길이는 0.3밀리미터로 인간의 눈으론 거의 볼 수 없는데 모낭 하나에
대략 열 마리 정도가 살고 있다. 모낭 속에서만 살기 때문에 우리는
그들이 우리 몸에 살고 있다는 사실조차 모르고 있다. 거기다 이들은
워낙 오래전부터 인간에게 기생하며 서로 적응이 된 터라 크게 우리
에게 문제를 일으키지도 않는다. 어찌 보면 처음에는 기생이었다가
이제는 편리공생이 된 경우라 할 수도 있다. 이들은 모낭 안에서 짝

짓기를 하고 알을 낳는데 3~4일이면 부화해서 7일 정도 지나면 성충이 된다. 모낭이 비좁아지면 일부가 이사를 가기도 한다. 이웃 모낭을 찾아가는데 한 시간에 10여 센티미터 정도 이동한다. 하지만 워낙 작고 또 가벼워서 피부의 감각점은 이들의 움직임을 알지 못한다. 이들은 머리카락 뿐만 아니라 눈썹과 속눈썹에도 산다.

  털에 사는 것은 아니지만 우리를 괴롭히는 대표적인 기생생물로는 먼지진드기*Dermatophagoides pteronyssinus*도 있다. 피부에서 떨어져 나간 피부 조각을 주로 먹고 사는 놈들이다. 먹는 건 그렇다 치고, 이들이 죽은 뒤 남는 외골격(이들도 절지동물에 속하니 당연히 외골격이 있다)과 이들의 분비물 속 단백질이 문제다. 알레르기의 원인이기도 하고 천식을 일으키기도 한다. 외골격이 문제가 되는 것은 이들의 수명이 짧은 것에도 영향을 받는다. 이들도 모낭진드기와 크기가 비슷한데 수놈은 열흘에서 스무날 정도를 살고, 암놈은 두 달여를 산다. 그 사이에 짝짓기를 하고 알을 낳는 것이다. 원래의 인간의 털에 살던 녀석인데 지금은 이불이나 침대에서 산다.

  그리고 그 유명한 빈대도 있다. 앞서의 모낭충과 집먼지진드기는 거미의 사촌쯤 되는 녀석들로 다리가 여덟 개인데 빈대는 곤충이다. 날개는 퇴화되어 사라졌지만 다리는 엄연히 여섯 개다. 낮에는 가구 틈새나 방구석에 숨어 있다가 밤이 되면 나타나 피를 빼는 녀석이다. 한국에서야 20세기 중후반 이후 거의 멸종되다시피 했지만 제3세계나 미국에서는 아직도 맹위를 떨치고 있다. 우리야 빈대에게 물려본 적이 없어 잘 모르지만 일단 피를 빨리면 그 곳이 모기와는 비교가 되지 않을 만큼 가렵다고 한다. 더구나 모기는 몇 군데 물지 않지만 빈대는 한 번 활동을 하면 하룻밤에도 수십 군데를 문다고 한다. 더구나 은신처를 확인하고 완전히 퇴치하기도 어렵다. '빈대 잡으려다 초가삼간 태운다.'는 속담도 그런 의미다. 원래 사소한 욕심 때문에 커다란 일을 망친다는 의미긴 하지만, 빈대가 문 곳이 얼마나 가렵고 화가 나면 빈대 없애려고 아예 집을 태우겠는가.

빈대처럼 피를 빨아먹는 기생충으로 벼룩도 있다. 빈대와 마찬가지로 곤충에 속한다. 그런데 이 녀석들은 빈대보다 고약한 것이 피를 빨면서 전염병도 옮긴다. 페스트를 일으키는 티푸스, 점액종증바이러스, 촌충, 파동편모충 등이 그것이다. 더구나 이들은 반려동물을 통해서도 옮을 수 있어 꽤나 신경이 쓰인다.

지금처럼 털이 많이 사라진 상태에서도 이러니 온몸에 털이 수북했을 옛날에는 얼마나 더 많은 기생생물들이 털과 함께 살았겠는가? 앞서 예로 든 모낭충 정도야 모낭에서 자연스럽게 분비되는 물질을 먹고 사니 별 문제가 아니지만 머릿니나 먼지진드기, 빈대, 벼룩 등은 당시 인간에게 엄청난 스트레스를 주었음이 틀림없다. 실제로 머릿니의 DNA를 분석한 결과 200만 년 전에 고릴라에게서 사람에게 옮은 것으로 여겨지는데 이 시기가 바로 사람의 몸에서 털이 사라지기 시작한 때이기도 하다. 물론 우연일 수도 있지만 그렇게 치부하기엔 너무 공교로운 것이 아닌가? 머릿니의 괴로움에 머리를 밀어버린

옛이야기들이 전해지는 것은 나름 개연성이 있는 것이다. 더구나 사람은 침팬지와 다르다. 열대우림에 사는 침팬지는 먹을 것을 구하는 데 들이는 시간이 그리 많지 않았다. 즉 편하게 쉴 수 있는 시간이 하루 중 꽤 있었다는 것. 그래서 그 쉬는 틈을 이용해 서로 털 고르기를 할 여유가 있다. 하지만 초원의 사람은 그렇지 못했다. 앞서 서술했듯이 끊임없이 걷고, 또 뛰어야했다. 먹을 것을 구했다고 그 자리에서 다 먹어치우는 것도 아니다. 인간은 집단생활을 하고 있고, 먹을 것을 기다리는 다른 동료들이 거주지에 남아있다. 먹을 것을 싸들고 다시 긴 길을 돌아와야 했다. 털 고르며 쉴 수 있는 시간이 부족하다. 인간이 직립보행을 한 후 대부분의 우리는 하루 중 편히 쉬는 때를 마음껏 가져본 적이 없는 것이다. 털 고르기를 할 시간이 없으니 다른 영장류보다 많은 기생생물들이 꼬이고, 번식을 했을 터. 또 여럿이서 집단생활을 하니 한 명만 기생생물이 있어도 금방 퍼진다. 마침 낮 시간에 오랜 걷기와 뛰기에도 불편하니 겹쳐서 인간의 털이 사라진 것으로 보인다.

결국 인간은 오래 걷고 움직이기 위해 털을 없애고 땀샘을 만들었지만, 역설적이게도 그래서 인간은 모든 동물을 통틀어 가장 오래 일하게 되었다. 그 현실은 현재도 변함이 없다. 물론 계층별로 차이가 있고, 나라별로도 격차가 있지만, 인간은 너무 오래 일한다. 사자는 한두 시간 정도 사냥을 하고 나머지 모든 시간을 쉰다. 개도, 소도, 염소도 마찬가지다. 철마다 수천 킬로미터를 비행하는 철새 정도나 사람에 비할 수 있을까? 그들조차도 짝짓고 새끼를 기르는 한 철이 끝나면 마냥 쉴 뿐이다. 인간만큼 오래 일하는 건 결국 벌새 정도이지 않을까 싶다. 하지만 인간과 벌새는 다르다. 벌새는 자기 자신을 유지하고, 번식을 하기 위해서 끊임없이 꿀을 먹을 뿐이다. 그러나 인간은 먹고 살만큼 벌고서도 더 일을 하고, 더 많은 재산을 얻으려 한다. 끊임없이 목표를 상향조정하고, 앞으로 나아가는 걸 미덕으로 여긴다. 지구상에서 그런 동물은 오직 인간밖에 없다. 그래서 인간이 더 행복해졌는지 아니면 더 불행해졌는지에 대해선 의문이지만.

모든 진화는 공진화다

우유를 먹는 어른

우리는 모두 어릴 때 엄마의 젖을 먹고 자란다. 이 젖은 어린아이가 성장하는 데 필요한 각종 영양소뿐만 아니라 부족한 면역력을 충족시켜주는 역할도 한다. 그러나 1년 정도의 과정이 지나면 점차 어른들이 먹는 음식을 먹기 시작한다. 이유식이 시작되는 것이다. 그러면서 우리 몸에서 사라지는 것이 있다. 젖에 포함된 젖당을 분해하는 효소가 사라진다. 이제 젖은 먹을 일이 없으니 더 이상 분비되지 않는 것이다. 소화효소를 만드는 것도 에너지가 필요한 일이니 아끼는 측면도 있지만 또 한편 이제 스스로 먹이를 찾아 나서라는 몸의 지시이기도 하다. 어미도 새끼에게 계속 젖을 먹이려면 지속적으로 에너지를 소비해야 하는데 이는 생존에 불리하다. 어미의 입장에선 하루라도 빨리 젖을 끊는 것이 유리하다. 그리고 이는 진화적으로도 유리한 것이다. 새끼에게 젖을 먹이는 동안은 새로 새끼를 배지 못한다. 암컷의 몸이 젖을 만드는 일을 최우선으로 하기 때문이다. 예전 우리의 조상이 2살 정도의 터울로 아이를 가졌던 것도 1년 정도 젖을 먹이는 기간에는 임신이 잘 되지 않기 때문이다. 그래서 새로 암컷을 차지한 포유류의 경우 이전 수컷과의 사이에서 암컷이 낳은 새끼를 물어 죽이는 경우가 종종 있다. 이전 수컷의 새끼가 미워서가 아니라, 그 새끼들이 없어져야 암컷이 임신을 할 수 있기 때문이다.

물론 새끼의 경우도 덩치가 커지면 젖만으로 모든 양분을 얻기 힘들어 다른 먹이를 스스로 찾아야 한다. 그 과정을 자연스럽게 강제하는 일이기도 한 것이다. 우리 인간뿐만이 아니다. 대부분의 포유동물들이 젖을 뗌과 동시에 젖당 분해 효소를 내지 않는다.

그러나 인류가 유목생활을 시작하면서 사정이 달라졌다. 가축화된 포유동물을 보면 대부분 집단을 이루는 대형초식동물(양, 염소, 소, 말 등)이다. 무리를 이루는 동물들이 홀로 생활하는 동물들보다 길들이기가 쉽다는 장점이 있다. 그리고 초식동물은 먹이 걱정이 별로 없다. 그저 들판의 풀을 먹이기만 하면 된다. 물론 겨울에 먹일 풀을 미리 베어 건초를 만드는 정도의 수고는 들여야 한다.

하지만 그렇더라도 고기만을 바라고 가축을 키우는 것은 비효율적이다. 키우는 데 들이는 에너지보다 결과물이 너무 적다. 이슬람에

➡️ 사람과 공진화한 젖소

서 돼지고기를 금지한 것도 이런 이유에서 이해할 수 있다. 그리고 다른 가축들의 경우 밭을 경작한다든가 운반 수단이 된다든가 하는 부수적 이익이 있는 경우가 대부분이다. 닭의 경우가 조금 특별한데 이 또한 최초의 시작은 닭이 스스로 먹이를 구하는 방식으로 반쯤 놓아길렀다는 측면에서는 다를 바 없다. 따라서 가축을 키운다는 것은 결국 겨울과 같이 먹이를 구하기 힘든 시기에 대한 대비용이며 동시에 부산물인 가죽과 뼈 등을 원활히 공급하기 위한 의도가 더 크다고 볼 수 있다. 그리고 가장 중요한 것이 바로 '젖'이다. 농경을 같이 하지 않는 유목민들의 경우 가축에서 모든 것을 얻어야 했다. 티베트의 원주민들은 야크의 젖을, 몽고인들은 말의 젖을, 그리고 유럽과 서아시아 북아프리카인들은 소와 양, 염소의 젖을 먹었다. 척박한 곳에서 가장 중요한 음식공급원인 셈이다.

물론 처음부터 먹진 못했다. 정상적인 사람은 한 살 이후에는 젖당분해효소가 나오지 않으니 먹어도 소화가 되지 않고 도리어 배탈이 난다. 소장에서 소화되지 않은 젖당은 대장으로 가고, 대장에 사는 세균들에 의해 분해되면서 유해물질도 나오고 메테인가스도 나오는 것이다. 이 증상이 배탈로 나타난다. 심한 경우에는 응급실로 가야하는 경우도 있다. 지금도 그렇다. 따라서 처음 시작은 아직 젖을 떼기 전의 아이들이었을 것이다. 사고로 어머니를 잃었거나, 엄마의 건강이 악화되어 젖을 먹을 수 없는 경우, 대안으로 가축의 젖을 먹였을 것이다. 그리고 일부 젖당분해효소가 성인이 된 이후에도 지속적으로 나오는 변이를 가진 사람들은 먹을 수 있었을 것이다. 이렇게 일부 용도로라도 젖을 사용하게 되자 이를 보관하는 과정에서 먹을 수 있게 가공하는 방법들이 나타난다. 지금 우리가 먹는 치즈, 버터, 요구르트가 그것이다. 이렇게 가공된 음식들은 젖당분해효소가 없어도 먹을 수 있었고, 지금껏 즐기고 있다.

그런데 이 과정조차도 꽤나 많은 에너지가 필요하고 기다림이 필요하다. 더구나 온도가 낮으면 잘 이루어지지도 않는다. 그래서 젖의 가공이 힘든 북극권에 가까운 추운 지방의 유목민들 중에는 젖당분해효소를 가진 이들이 그렇지 않은 이들보다 생존률이 높았다. 이들은 가공되지 않은 가축의 젖을 먹어도 살 수 있었기 때문이다. 그렇게 몇천 년을 이어오니, 젖당분해효소를 가진 이들의 비중이 집단 전체에서 높아지기 시작했다. 그래서 북유럽 스칸디나비아 반도의 사람들은 거의 대부분 우유를 소화할 수 있다. 프랑스와 독일인은 그보다 조금 적고, 남유럽과 북아프리카인은 약 40%만이 젖당을 소화할 수 있다. 물론 가축의 젖을 거의 먹지 않는 민족의 경우 젖당 분해효소를 가진 사람의 비율은 훨씬 더 떨어진다. 한국의 경우 어른의 75%가 젖당을 분해하지 못한다. 특이하게 일본인은 거의 대부분이 젖당을 분해하지 못한다. 이는 한국인의 경우 북방 유목민족과의 교류가 꽤 오랜 기간 있었지만 일본은 거의 교류가 없었기 때문일 것이다.

결국 우리는 대형 초식 포유동물을 길들였지만, 인간도 그들과 같이 사는 방식에 길들여져 (아직 일부이긴 하지만) 어른이 되어서도 젖당을 소화할 수 있게 된 최초의 포유류가 된 것이다.

겨울이 오고 있다

곡식을 재배하게 된 것은 여러 가지 이유에서다. 유목도 마찬가지다. 마지막 빙하기가 끝나고 기후가 안정되자 인간의 개체수가 급격히 늘었다. 생태계에서 인간은 최상위포식자다. 물론 처음부터는 아니었겠지만 급속히 그렇게 되었고, 약 1만 년 전에는 확실히 그러했다. 최상위포식자는 생태계 내에서 개체수가 가장 적어야 한다. 그러나 인간은 생태계가 감당할 수 없을 만큼 개체수가 늘어만 갔다. 인간과 경쟁할 수 있는 생물이 없었고, 천적도 없었기 때문이다. 개체수가 늘어나자 결국 인간은 생태계 외부에서 먹을거리를 구해야 했다.

사실 처음부터 벼나 밀이 썩 마음에 드는 음식은 아니었을 것이다. 과일처럼 먹으면 쉽게 소화가 되지도 않을뿐더러 낟알의 크기도 작고, 딱딱하다. 하지만 벼나 밀, 수수 등이 가지는 가장 큰 장점이 있다. 바로 장기 보관이 가능하다는 것이다. 과일은 대부분 봄에서 가을까지만 얻을 수 있다. 늦가을에서 초봄까지는 어디에서도 과일을 찾을 수 없다. 강도 얼어붙어 물고기를 잡기가 힘들다. 사냥을 하려 해도 동물들도 겨울잠을 자러 들어간 상태. 겨울을 위한 준비를 해야 한다. 그래도 인간에게는 대안이 있었으니 녹말이 풍부한 덩이줄기나 뿌리를 캐다가 말려 저장을 하는 것이다. 물론 과일도 말리면 저장이 가능하고 고기도 건조시키거나 훈연을 시켜 저장할 수 있다. 하지만 인구가 늘어나자 이런 방식으론 더 이상 감당할 수 없게 되었다. 더구나 덩이줄기나 뿌리를 가진 작물은 인간이 재배하기도 쉽지 않았고, 성장도 더딘 것이 많았다. 무엇보다도 처음 농경을 시작한 문명의 발상지인 메소포타미아나 이집트, 중국 등에선 벼과의 곡식보다 재배에 쉬운 식물이 없었던 것이 결정적인 이유였을 것이다. 지금도 파푸아뉴기니나 남아메리카 기타 열대지역의 원주민들을 보면 녹말 성분을 나무줄기나 덩이줄기 혹은 뿌리로부터 얻는 경우가 꽤나 많다. 그 중 일부는 반쯤 재배되다시피 한다.

그러나 최초로 농경이 시작된 메소포타미아나 그 주변 지역에서는 우림에서나 자라는 이러한 식물은 없었다. 어느 정도 건조한 기후에서도 잘 자라며, 낟알 하나는 작더라도 한 포기에 많은 수의 낟알

➡ 야생 외알밀

이 열리고, 영양분이 인간이 소화할 수 있고 저장에도 편리한 녹말이 주를 이루고, 그러면서도 다양한 영양성분을 골고루 가지고 있는 등의 조건을 갖춘 식물이 바로 벼과의 식물들이었다. 실제로 현재 3대 작물로 꼽히는 밀, 벼, 옥수수는 모두 벼과의 식물들이다. 물론 10대 작물에는 감자와 고구마, 카사바와 같은 저장줄기와 뿌리인 작물이 있다. 하지만 이들 모두 아메리카가 원산지로 재배의 역사로 보면 한참 뒤의 이야기다.

결국 온대 지방에서 적합한 식물이 인간에게 선택된 것이다. 가장 많이 연구된 밀을 보면 인간과 밀 양쪽에 흥미로운 점을 볼 수 있다.

처음 등장한 야생밀은 외알밀*Triticum monococcum*이다. 기원전 9000년경에 이미 터키와 메소포타미아 등에서 재배되기 시작했다. 이 외알밀은 염색체 수가 14개다. 이삭자리에서 낟알이 하나씩만 나서 '외알'이란 이름이 붙었다. 그러다 외알밀의 한 종인 트리티쿰 우라르투*Triticum urartu*과 에길룹스*Aegilops* 속의 염소풀의 교잡이 이루어지면서 28개의 염색체를 가지는 엠머밀*emmer wheat*이 나타난다. 엠머밀

➡ 엠머밀

은 이삭자리마다 낟알이 두 개씩 나기 때문에 이립종으로 분류된다. 이 엠머밀을 사람들이 개량한 것이 듀럼밀이다. 엠머밀은 여러 모로 외알밀에 비해 재배하고 보관하기에 유리하여 당시의 농경 사회에 전반적으로 받아들여진다. 현재도 이탈리아의 파스타나 북아프리카의 쿠스쿠스 등에는 엠머밀을 개량한 듀럼밀을 쓰는 것이 전통적이다.

현재 가장 널리 쓰이는 빵밀bread wheat은 이 엠머밀과 에길롭스 속의 또 다른 잡초가 교배되어 만들어졌다. 무려 42개의 염색체를 가지는데 글루텐의 함량이 높고 부드러워 빵으로 만들기에 쉽고, 탈곡도 쉽다. 수확량도 늘어났다. 이렇게만 놓고 본다면 마치 누군가가 인류를 위해 외알밀과 엠머밀 그리고 빵밀을 차례로 제공한 것으로 보기 쉬우나 사실은 반대다. 인간이 경작을 하면서 여러 가지 교잡종으로 시험을 하다가 그중 가장 적합한 것으로 선택을 한 것이다.

우리는 동물을 기준으로, 그것도 척추동물 그리고 포유류를 중심에 놓고 판단하는 경우가 잦다. 그래서 한 종의 염색체는 항상 고정되어 있다고 생각하기 쉬운데 식물의 경우는 그렇지 않다. 인간이 인위적으로 만든 것이긴 하지만 우장춘 박사가 만든 '씨 없는 수박'은 기존 수박의 1.5배의 염색체를 가진다. 기존 수박을 2배수체라 할 때 씨 없는 수박은 3배수체가 되는 것이다. 마찬가지로 외알밀을 2배수체라고 했을 때 엠머밀은 4배수체가 되고, 빵밀은 6배수체가 된다.

➡ 빵밀

이런 종간 잡종의 경우 동물은 아예 발생 자체가 되지 않지만 식물은 새로운 종이 탄생할 수 있다.

최초의 외알밀을 중심으로 사촌격의 다양한 다른 식물들과 종간 잡종들이 몇만 년 전부터 만들어졌을 것이다. 그러나 그중 사람에게 선택을 받게 된 것이 바로 저 세 종인 것이다. 그리고 사람에 의해 길들여졌다. 원래 야생의 식물은 낟알이 익으면 자연스레 떨어져야 한다. 그래야 땅에 묻혀 새로 봄이 되면 싹이 트는 것이다. 그러나 사람이 재배할 때는 다르다. 수확을 할 때까지 기다리고 있는 개체가 환영을 받는다. 땅에 낱낱이 떨어진 걸 일일이 줍는 게 얼마나 힘들고 귀찮겠는가? 포기에 그대로 남아있는 낟알이 환영을 받았고,

거두어졌다. 이런 낟알들이 다시 그 다음해에 재배되는 식으로 이어지면서 지금처럼 사람이 수확하기를 기다리는 방식으로 진화가 이루어진다.

또한 낟알 한 개의 크기가 커졌다. 야생에선 이렇게 커질 이유가 없다. 그저 다음 해에 싹이 틀 정도의 영양분만 있으면 된다. 대신 그 양분과 에너지를 다른 종의 식물과 경쟁하는 데 쓰고, 해충으로부터 스스로를 방어하는 데 써야 한다. 그러나 사람이 재배하면서 이 모든 상황이 바뀌었다. 다른 식물과의 경쟁이 무의미해졌다. 사람들이 대신 여름 한 철 뙤약볕 아래 고생하며 피를 뽑는다. 해충도 걱정할 게 없다. 사람들이 해충을 잡고 살충제를 뿌린다. 그런데 질문, 살충제는 20세기에나 발견되는 것이 아니었나? 결코 그렇지 않다. 기원전부터 황, 소금, 재 등이 사용되었다. 기름이 사용되었다는 기록도 있다. 담배가 남미에서 전파되면서는 담뱃잎에서 추출한 액을 뿌리기도 했다. 물론 모든 해충을 완전히 제거할 순 없었겠지만 사람의 이런 보호를 받는 것이 야생에서야 가당키나 한 것이겠는가.

그러면서 알곡이 여물고, 크고 충실한 식물들이 선호되었다. 물론 튼튼하면 더 좋겠지만 다른 잡초와 경쟁을 할 정도로 튼튼할 이유는 없는 것이다. 그래서 이들 곡식은 사람과의 관계를 통해 현재와 같은 모습으로 공진화한 것이다.

사람의 입장에서야 먹으려고 한 일이지만 이들 곡식의 입장에서는 사람이 자신들은 엄두도 내지 못할 만큼 많은 개체를 기르고, 유전자를 전파시키는 일등 공로자다. 그들의 입장에서 보면 해충 방지와 잡초 제거 등 자신의 유전자 퍼트리기에 인간만큼 열정을 다하는 공생자가 없는 것이다. 대단히 성공적인 공진화라 여길 것이다.

인간과 함께

인간은 특이한 존재다. 아직 지구상에 나타난 지 몇백만 년밖에 되지 않았지만 이렇게 단일종이 지구 전체에 걸쳐 최상위포식자로 군림한 것은 지구 역사상 최초이다. 지구 역사상 최초인 것은 또 있다. 이 종은 최상위포식자의 영역에 머물지 않고 생태계의 모든 지위를 누리고 있다. 생산자의 역할도 하고 초식동물의 역할도 하며 육식동물의 역할도 한다. 심지어 분해자의 역할까지 도맡아서 한다. 이러한 인간종의 활동은 필연적으로 각 영역에서의 심각한 경쟁 상태를 만든다. 이러한 심각한 경쟁 상태는 진화를 촉발시키기도 하지만 뒤처진 생물의 멸종을 일으키기도 한다. 그런데 인간종이 워낙 강력한 경쟁력을 가져서 대부분의 생물들은 참패를 면치 못한다. 그들이 인간과 겨루기 위해서 필연적으로 겪어야 하는 진화의 과정이 미처 이루어지기도 전에 압도당한다. 지구는 생태계 전 영역에 걸쳐서 멸종이 진행 중이다. 여러 과학자들이 주장하듯이 제 6의 대멸종은 이미 시작되었다.

인간은 먼저 대형 포식 동물과 최상위 포식자의 자리를 놓고 싸운다. 호랑이나 사자, 곰 등이 그 대상이다. 우리가 직접 그들을 죽이진 않는다. 가끔 자아도취에 빠진 몇 무리의 인간들이 총을 들고 그들의 시체 앞에서 폼을 잡기는 하지만 대부분 그들과 우리는 적대적이지 않다. 다만 우리는 그들이 필요로 하는 먹이를 강탈할 뿐이다. 그리고 그들의 서식지를 침범한다. 이 두 번째가 그들에게 치명적인데 대형포식동물은 꽤 넓은 서식지를 필요로 한다. '한 산에 두 호랑이 없다.'는 속담은 그를 이르는 말이기도 하다. 산 하나를 통째로 자신의 영역으로 삼아야 하는 것이 호랑이 같은 대형포식동물인 것이다. 그래서 이들은 대부분 혼자 생활을 한다. 새끼가 아직 충분히 크지 않은 상황에서만 어미와 같이 산다. 그런데 넓은 서식지를 필요로 하는 것은 인간도 마찬가지다. 그래서 인간과 대형포식동물의 갈등이 시작된다. 흔히 고사나 민담에 보면 호랑이에 습격당하는 이야기가 많이 나오는데 사실은 서식지를 잃은 호랑이가 원래 자기의 영역이었던 곳에 사는 인간과 마주치는 이야기가 대부분이다.

더구나 우리는 이들의 짝짓기마저 방해하고 있다. 영역이 넓은 이들은 짝짓기 철이 되면 꽤 먼 거리를 가야 상대를 만날 수 있다. 그러나 숲이 도로를 사이에 두고 나뉘고 산과 산이 나뉘면서 이들은 인간의 거처를 지나야 상대를 볼 수 있게 된다. 그래서 개발이 덜 된 곳에서만 이들은 살 수 있다. 현재 유럽 대부분과 미국의 동부, 한국과 일본, 중국의 동해안 지역 등 사람들이 오래 전부터 도시를 이루고 살고 있고, 주변도 개발이 된 곳에서는 대형포식동물이 거의 사라졌다. 오직 곰 정도만이 살아남아있는데 이는 곰이 육식성이 아니라 잡식성이기 때문에 가능한 것일 뿐이다.

인간은 또한 중형, 소형 포식동물들과의 경쟁에서도 이기고 있다. 늑대와 여우 오소리 너구리 등은 이제 도시 주변에선 거의 사라졌고 농촌에서도 구경하기 힘들다. 오로지 국립공원 등으로 보호받는 곳에서만 간헐적으로 발견된다. 이들 또한 도시와 도시 사이 섬처럼 남아있는 숲에선 살아남기 힘들다. 물론 요사이 자연보호가 중요하게 거론되면서, 그리고 여러 생태적 정책이 실행되면서 이들의 개체수가 조금씩 늘긴 하지만 아직도 위태로운 상황이다.

마찬가지로 대형 초식동물도 줄어든다. 아프리카의 누, 북극권의 순록을 비롯하여 동남아나 남미의 열대우림에 사는 종들만이 살아남았다. 우리나라에 대형 초식동물이 무엇이 있을까? 사람이 키우는 가축이 아닌 초식동물 중에 그나마 사정이 나은 것은 고라니뿐이라고 해도 과언이 아니다. 그 외 몇 군데 국립공원 그리고 비무장지대의 사슴과 노루 정도다. 야생 산양과 야생 염소는 거의 자취를 감추었다. 잡식성인 멧돼지만 살아남았을 뿐이다.

결국 한반도에는 소형 초식동물과 잡식성 동물만이 인간 이외의 다른 천적 없이 살아남았다. 멧돼지가 극성을 부리는 것은 그들의 천적이 없기 때문이며, 또한 그들의 서식지가 너무 부족하기 때문이다.

지금도 아마존과 동남아 열대우림의 생명들은 자신의 서식지를 파괴하는 인간과의 관계에서 연전연패하고 있다. 북극의 동물들은 인간에 의한 지구온난화로 서식지를 잃고 있다. 우리가 도로를 하나 건설하고, 도시를 지을 때마다 다른 생명들은 그만큼 줄어든다. 바다도 마찬가지다. 해안가를 차지하던 물개와 물범은 이제 항구에서 멀리 떨어진 섬들을 중심으로 자신의 행동반경을 줄여야 한다. 멸치를 포획하는 인간의 저인망과 싸워야 하는 대형 포식 물고기는 항상 배가 고프다. 참치를 떼로 잡아버리니 바다의 최종포식자인 상어와 범고래 또한 위험하다.

경쟁은 어떤 종에게는 진화를 낳고 또 다른 종에게는 멸종을 선고한다. 그러나 인간과 경쟁이 붙은 종들은 예외 없이 모두 멸종을 선고받고 있다. 결국 인간이 등장함으로써 새로 생긴 법칙은 '인간과 경쟁하면 모두 멸종한다.'는 것 정도 되겠다. 이런 곳에서 공진화는 어림도 없다. 오직 멸종만이 있을 뿐이다. 수십억 년을 이어온 지구와 생물들, 그리고 생물들 상호간의 공진화는 지금 커다란 위기 앞에 속수무책이다.

인간이 자신을 만들어준 생태계에 역으로 비수를 꽂고 있는 이 상황을, 과연 인간은 스스로 해결할 수 있을까? 대답은 쉽지 않아 보인다.

참고 문헌

『2천년 식물 탐구의 역사』, 애너 파보르드 지음, 구계원 옮김, 글항아리

『곤충연대기』, 스콧 R. 쇼 지음, 양병찬 옮김, 행성B이오스

『공생자 행성』, 린 마굴리스 지음, 이한음 옮김, 사이언스북스

『권오길의 괴짜 생물 이야기』, 권오길 지음, 을유문화사

『기생충 제국』, 칼 짐머 지음, 이석인 옮김, 궁리출판

『나의 생명 수업』, 김성호 지음, 웅진지식하우스

『눈의 탄생』, 앤드류 파커 지음, 오은숙 옮김, 뿌리와이파리

『동물 상식을 뒤집는 책』, 존 로이드 · 존 미친슨 지음, 전대호 옮김, 해나무

『동물들의 사회생활』, 리 듀거킨 지음, 장석봉 옮김, 지호

『마이크로 코스모스』, 린 마굴리스 · 도리언 세이건 지음, 홍욱희 옮김, 김영사

『모든 생명은 서로 돕는다』, 박종무 지음, 리수

『미토콘드리아』, 닉 레인 지음, 김정은 옮김, 뿌리와이파리

『바다의 정글 산호초』, 한정기 · 박흥식 지음 지음, 지성사

『생명이 있는 것은 다 아름답다』, 최재천 지음, 효형출판

『생명이란 무엇인가』, 린 마굴리스 · 도리언 세이건 지음, 김영 옮김, 리수

『생물학 이야기』, 김웅진 지음, 행성B이오스

『생태학을 잡아라』, 데이비드 버니 지음, 이한음 옮김, 궁리출판

『선사시대 101가지 이야기』, 프레데만 슈렌트 · 슈테파니 뮐러 지음, 배진아 옮김,
플래닛미디어

『식물의 역사 』, 이상태 지음, 지오북

『아름다운 생명의 그물』, 이본 배스킨 지음, 이한음 옮김, 돌베개

『인간이 된다는 것의 의미』, 리차드 포츠 · 크리스토퍼 슬론 지음, 배기동 옮김, 주류성

『자연에는 이야기가 있다』, 조홍섭 지음, 김영사

『자연은 왜 이런 선택을 했을까』, 요제프 H. 라이히홀프 지음, 박병화 옮김, 이랑

『조상이야기』, 리차드 도킨스 지음, 이한음 옮김, 까치

『지구 이야기』, 로버트 M. 헤이즌 지음, 김미선 옮김, 뿌리와이파리

『지렁이, 소리 없이 땅을 일구는 일꾼』, 에이미 스튜어트 지음, 이한중 옮김, 달팽이출판

『진화의 키, 산소농도』, 피터 워드 지음, 김미선 옮김, 뿌리와이파리

『하리하라의 눈 이야기』, 이은희 지음, 한겨레출판사